从出生到2岁

宝宝成长黄金期养育简明指导

鲍秀兰◎等著

中国妇女出版社

图书在版编目（CIP）数据

从出生到2岁 ：宝宝成长黄金期养育简明指导 / 鲍秀兰等著. -- 北京 ：中国妇女出版社，2022.1

ISBN 978-7-5127-2058-9

Ⅰ.①从… Ⅱ.①鲍… Ⅲ.①婴幼儿－哺育－基本知识 Ⅳ.①TS976.31

中国版本图书馆CIP数据核字（2021）第225421号

从出生到2岁——宝宝成长黄金期养育简明指导

作　　者：鲍秀兰　等著
责任编辑：陈经慧
封面设计：季晨设计工作室
责任印制：李志国
出版发行：中国妇女出版社
地　　址：北京市东城区史家胡同甲24号　　邮政编码：100010
电　　话：（010）65133160（发行部）　　65133161（邮购）
网　　址：www.womenbooks.cn
法律顾问：北京市道可特律师事务所
经　　销：各地新华书店
印　　刷：三河市祥达印刷包装有限公司
开　　本：170×240　1/16
印　　张：10.5
字　　数：130千字
版　　次：2022年1月第1版
印　　次：2022年1月第1次
书　　号：ISBN 978-7-5127-2058-9
定　　价：49.80元

本 书 作 者

鲍秀兰（主编）

- 中国著名儿科专家
- 中国医学科学院北京协和医院儿科主任医师
- 中国协和医科大学儿科教授
- 国务院政府特殊津贴获得者
- 宝秀兰医疗首席专家
- 中国疾病预防控制中心妇幼保健中心专家咨询委员会委员
- 中国妇幼保健协会高危儿童健康管理专业委员会名誉主任委员
- 中国优生优育协会婴幼儿发育专业委员会名誉主任委员

从事儿科临床、科研和教学工作60余年,其间创立了20项新生儿行为测定法，0~1岁20项神经运动检查方法，领导并参与全国多项0~3岁儿童早期教育、高危儿早期干预、矮小儿童特发性生长激素缺乏症等科研项目，发表论文100余篇，著有《0~3岁儿童最佳的人生开端》等著作10余部。获得国家级奖项及原卫生部和北京市科技进步奖6项7次，荣获第四届中国内藤国际育儿奖。是我国0~3岁儿童早期发展领域的引领者。

擅长新生儿行为测查及其应用，0~3岁婴幼儿早期教育和窒息儿、早产儿早期干预，以及脑瘫、智力发育落后、儿童孤独症、社会交往障碍、儿童矮小症的早期诊断和干预。

孙淑英（执行主编）

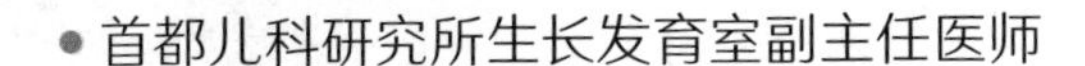

- 首都儿科研究所生长发育室副主任医师
- 宝秀兰医疗儿科主任
- 中国优生优育协会理事
- 中国优生优育协会婴幼儿发育专业委员会主任委员
- 中国优生科学协会理事
- 中国妇幼保健协会高危儿健康管理专业委员会副主任委员

从事儿科临床和儿童生长发育临床科研工作40余年，曾在中国科学院心理所研修，并参与儿童心理测评量表的研发。参与和组织全国多项0～3岁儿童早期教育、高危儿早期干预等科研项目。获得原卫生部和北京市科技进步奖。在儿童生长发育的监测、评估、指导及儿童矮小症诊断和治疗等方面有丰富的临床经验。

刘维民（执行副主编）

- 副主任医师，儿科学硕士、医学博士
- 宝秀兰医疗联合创始人、首席医疗官
- 北京宝秀兰儿童早期发展优化中心联合创办人
- 儿童早期干预及康复资深专家
- 中国优生优育协会婴幼儿发育专业委员会执行主任
- 获得美国哈佛大学布雷寿顿研究所新生儿行为观察（NBO）国际认证
- 获得美国SOS喂养法国际认证
- 2018年荣获第六届“北京优秀医师”荣誉称号

从事0~3岁婴幼儿神经行为发育评估及早期干预研究和实践工作20余年，具备丰富的诊断及临床经验。尤其擅长早产儿神经行为观察及早期干预、婴幼儿喂养困难等方向的诊治。是鲍秀兰教授科研团队核心成员，多次参加全国多中心协作课题。

- 北京宝秀兰诊所执行主任
- 北京宝秀兰儿童早期发展优化中心健康管理中心主任
- 鲍秀兰专家团队核心成员
- GMs高级评估师
- 中国优生优育协会理事

专注于儿童生长发育及儿童康复领域10余年，在儿童孤独症的早期发现及早期干预，高危儿、早产儿系统化评估及早期干预，婴幼儿脾胃调理等方面积累了丰富的临床经验。擅长儿童孤独症、发育迟缓、脑瘫等疾病的早期干预和诊断。

前言 *Preface*

时间过得真快，《0岁宝宝》出版至今已经有17年了，由于该书的责任编辑退休了，《0岁宝宝》出了第1本，就没有继续出版。现在我重温这本图文并茂的书，觉得它很适合工作繁忙的年轻父母阅读，他们只要翻一翻此书，用不了多少时间就读完了，却可以从中受益很多。所以，我认为此书值得重新出版。我以原书为基础，对文字及图片内容进行了重新加工、梳理，并且增加了1～2岁的内容。近17年来，我一直在从事0～3岁早期教育和干预的工作，又通过组织全国协作研究，开展了婴幼儿健全人格的培养、早产儿早期干预、预防脑瘫等研究。2001年，我负责的项目“儿童早期教育、高危儿早期干预实施和测查方法”，被列为原卫生部十年百项计划的第八批应用推广项目，向全国推广。近30年，我和同事们在全国举办学习班

80期，向全国推广应用，学员近万人。10年前，我又创办了宝秀兰儿童早期发展优化中心，专门从事0～3岁婴幼儿早期教育和早期干预服务。我和我的团队积累了很多临床经验，我渴望在我的有生之年，将我总结出的这些研究成果和临床经验，供广大的父母以及从事早期教育、早期干预的医护人员和幼教工作者参考和运用。

通过多年来的工作，我深深地感到在儿童早期——脑发育最快的时期，大脑有非常大的可塑性，通过早期教育和早期干预，可以发挥孩子最大的潜能。即使有脑损伤的孩子，通过早期干预，其大脑也可以发挥最大的代偿能力，完全有可能恢复成智能和运动正常的孩子。

权威著作《诸福棠实用儿科学》一书明确指出，现在世界上没有任何药物可以预防和治疗脑瘫。近年来，我们通过全国大协作的研究证明，不用任何药物，通过丰富环境的教育活动，完全可以预防和明显降低早产儿脑瘫的发生率；用早期干预（相当于早期教育方法，但需要加强一些）的方法，按照婴幼儿智能和运动发育的规律，通过早期的强化训练，可以预防或减轻智力低下、脑瘫的发生。

早期干预效果好是有脑科学依据的，因为大脑在幼年的时候有非常大的代偿能力，通过早期干预、康复训练可以塑造大脑，使受伤的大脑功能得到代偿。我们亲眼见到了很多有脑损伤的孩子智能和运动发育完全正常的实例。

为了使我们的科研成果能够推广应用，惠及更多的孩子，本书的早期教育（对于高危儿称早期干预）方法，通过图文并茂、通俗易懂的书写方式，使父母容易理解和掌握。希望正常孩子发挥最大的潜能，高危儿的脑损伤得到最好的代偿，期望更多婴幼儿成长为健康可爱的孩子。

此书也供工作繁忙的儿科医生、妇幼保健工作者和康复医生在临床工作中应用和参考。

最后，能对本书的读者有所帮助，是我们最大的心愿！本书书写有不到之处，希望批评指正！

鲍秀兰

2021年8月

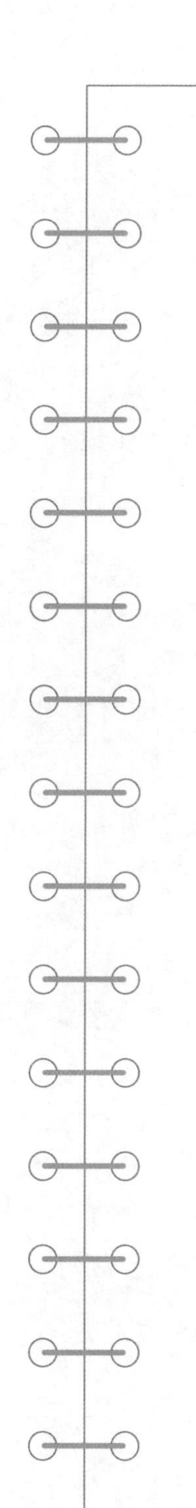

目录 *Contents*

第3章 重视孩子的情绪管理和健全人格培养

第4章 胎儿与新生儿养育简明指导

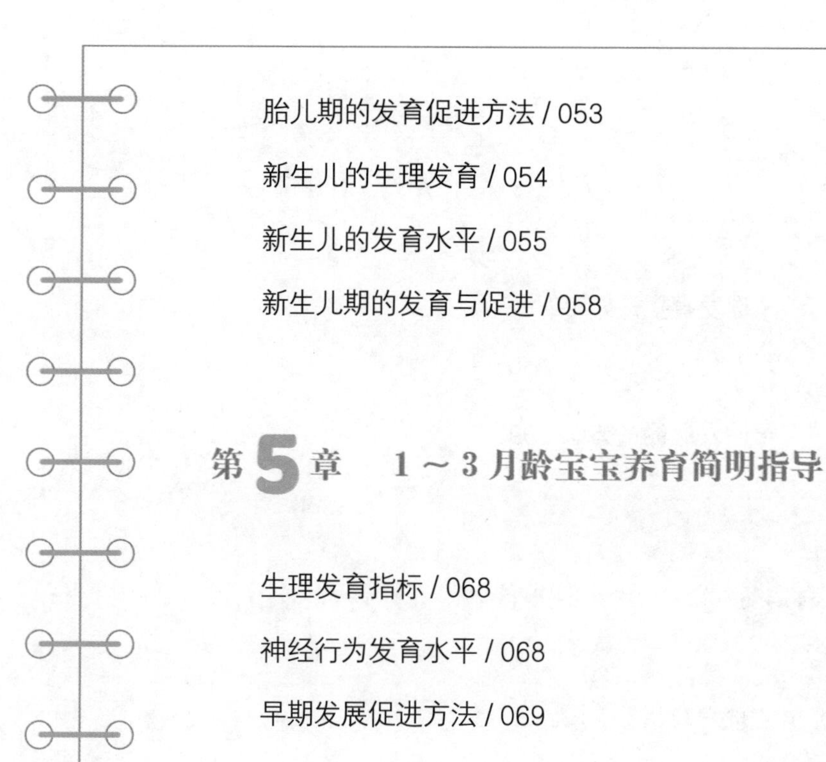

第5章　1～3月龄宝宝养育简明指导

第6章　4～6月龄宝宝养育简明指导

第7章 7～9月龄宝宝养育简明指导

第8章 10～12月龄宝宝养育简明指导

第9章 13～18月龄宝宝养育简明指导

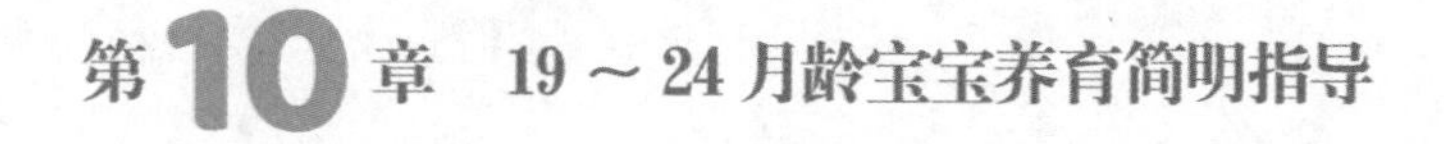

第10章　19～24月龄宝宝养育简明指导

第11章　高危儿的早期干预

第1章

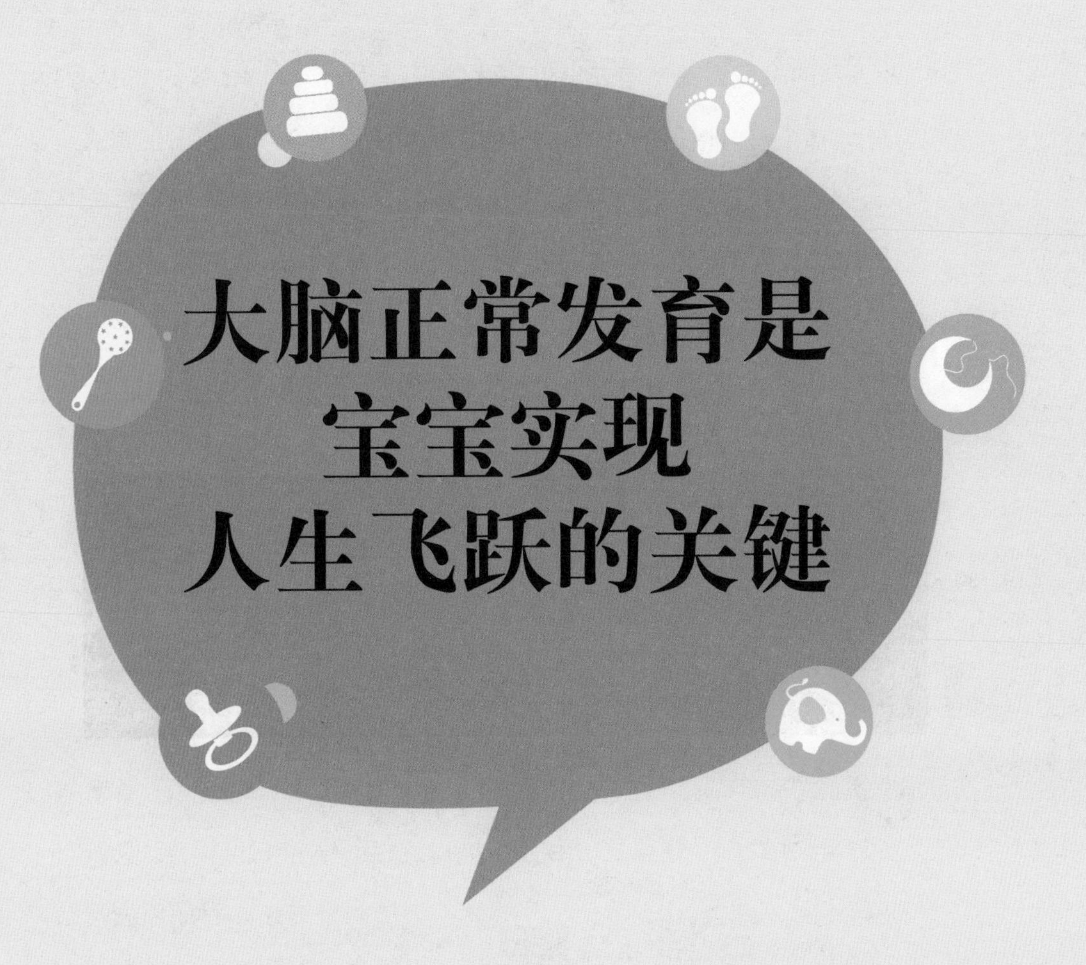
大脑正常发育是
宝宝实现
人生飞跃的关键

大脑的发育过程

人脑的发育大部分是在出生后发生的。人出生时脑体积约350立方厘米，6个月时增加一倍，2岁末为出生时的3倍，4岁时为出生时的4倍，此时已经接近成人脑的体积。大脑约有1000亿个神经细胞，宝宝出生时连接神经细胞的突触较少，6个月时增加7倍多，2岁达到高峰——每个神经细胞平均有15000个突触，为成人的1倍半。这种水平将保持到10～11岁，以后按“用进废退”的原则逐渐修剪。

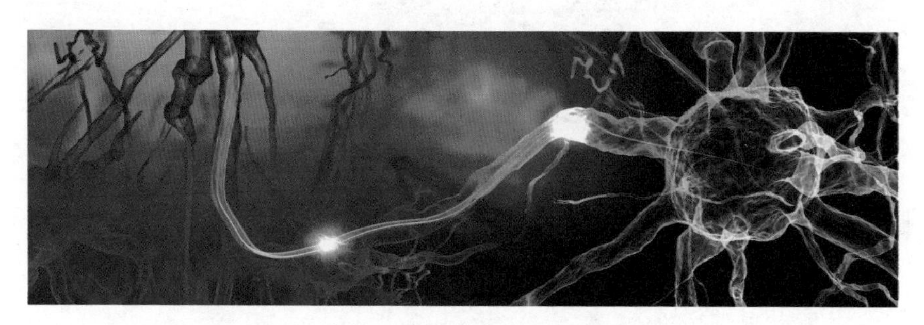

神经细胞之间连接模式图

神经细胞之间的连接在出生时很少，出生后通过突触形成数以亿万计的网络连接，有序地进行功能活动，这是智力发育的基础。大脑在快速发育期，最容易受外界的影响，适宜和丰富的环境刺激可使神经细胞长得更大，突触增加更多，神经细胞之间网络连接

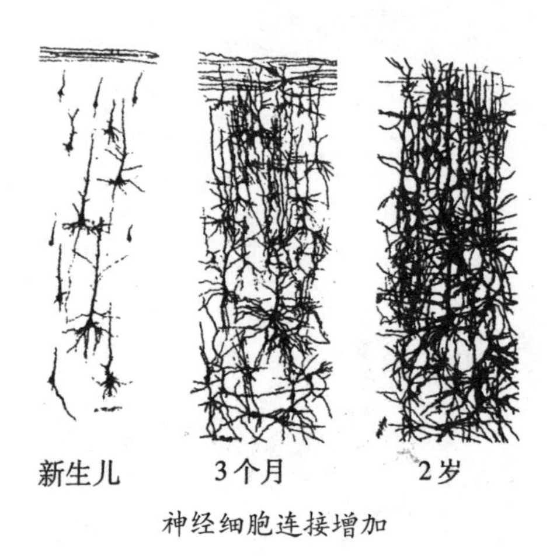

神经细胞连接增加

更广泛、更完美，并形成稳定的通道，使孩子变得聪明伶俐，良好的行为模式也能稳定建立。

宝宝生长发育中的关键期

关键期指某种知识或行为经验在某一特定时期最易获得和形成，过了这个时期，就无法获得或达到最好的水平。

1.视觉发育的关键期

人的视觉关键期可长达4～5年，尤其是婴儿如果出生后缺乏有效的视觉刺激，大脑视觉细胞将萎缩。例如，患先天性白内障的婴儿，由于出生后即失明，大脑视觉皮层的神经细胞得不到刺激而逐渐萎缩和死亡，如果3岁以后做手术，虽然眼的晶体透明了，但视觉皮层已经丧失感知的功能，患儿也无法复明。

2.语言学习的关键期

婴儿在出生后就有区分语言刺激和其他刺激的能力。0～3岁是儿童学习语言的重要时期。语言优先在大脑左半球发育，如果在青春期前没有接触到正常语言，其左半球语言潜能就会消失。语言学习过了关键期（5岁），学习效果和速度明显降低。

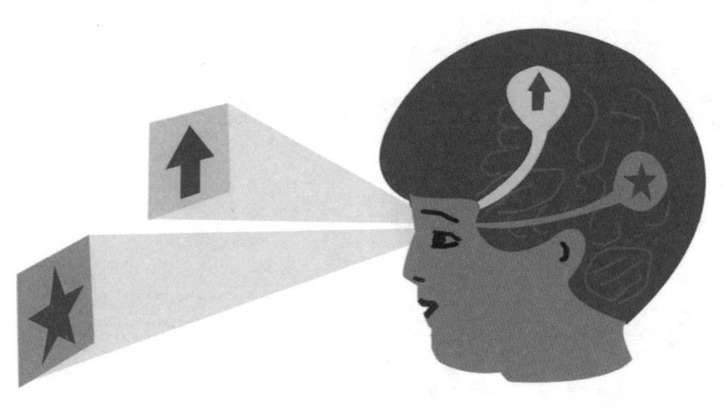

视觉在大脑中的反映

环境和遗传在儿童智力发育中的作用

智力发展是先天因素和后天环境相互作用的结果。环境对智力发展，尤其对早期智力的开发具有极其重要的作用。丰富的环境刺激可促进脑功能发育，反之，则会严重阻碍儿童脑发育。

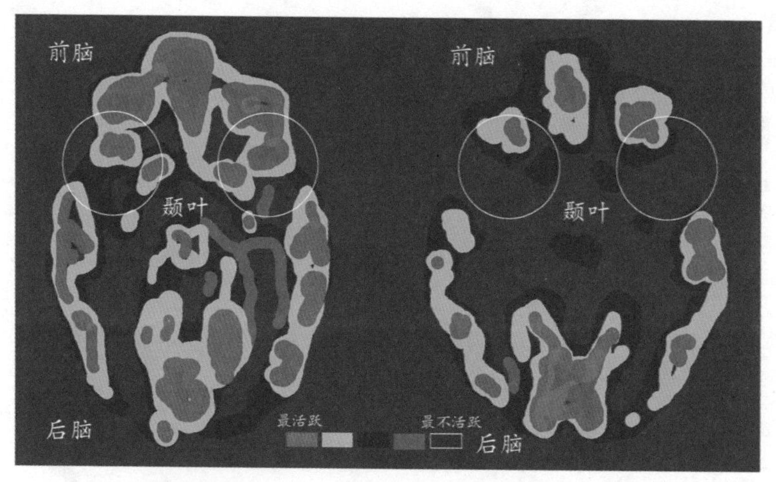

健康大脑（左）和受虐待儿童大脑（右）

一个孩子可能有身材特别高大的基因，但环境时常决定他实际上生长的高度。如果孩子从小营养不良、体弱多病，就会影响长高。也就是说，尽管遗传基因的意义重大，但提供给孩子的环境才是决定基因如何表达和何时表达的关键因素。基因如同行为和心理发展一样，也是动态变化的。当今关于儿童发展的最新观点是，遗传基因与后天经验相互作用、相互促进。

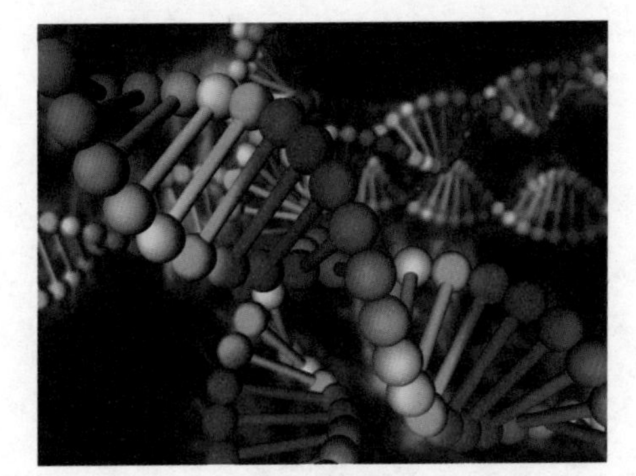

DNA螺旋图

0～3岁早期发展的五大保护性因素

0～3岁早期发展的五大保护性因素是健康、营养、安全和保护、回应式照顾及早期学习（2016年lancet系列回顾）。

儿童发展是一个逐步走向成熟的过程，它的有序发展包括感觉、运动、认知、语言、社会情绪和自我调节等。因此，终身获得的技能是建立在儿童早期能力发展的基础之上。

多种因素影响这些能力的获得，包括健康、营养、安全和保护、回应式照顾及

0～3岁早期发展的五大保护性因素

早期学习。养育性照顾是必需的！养育性照顾可减少不利于脑结构和功能发展的有害因素，从而改善儿童健康、成长和发展。

早期教育和干预的效果显著

1.正常儿早期教育研究成果

本书介绍的早期教育方法经过系列研究证明是有效的，也已被全国很多单位的研究证实。下面简略介绍如下：

1989年，62名正常新生儿从出生后不久接受早期教育，为早期教育组；另设116名正常新生儿为对照组（家庭常规育儿）。2岁时，早期教育组的智力发育指数比对照组高8.7分。对照组中有6.2%智力低于正常。因为这些都是正常出生的新生儿，因此智力低下可能为心理社会因素所致。早期教育组无一例智力低于正常，说明早期教育可以预防心理社会因素所致的智力低下。

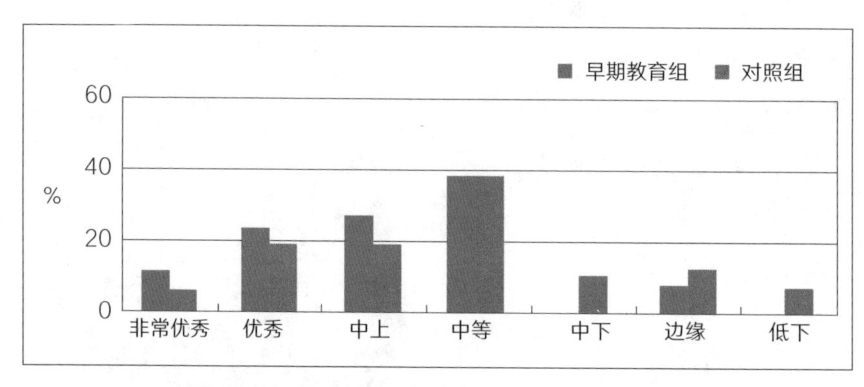

早期教育组和对照组2岁时智力发育指数分级比较

1997年，对79名正常新生儿从出生后开始进行早期教育，为早期教育组；另设86名正常新生儿为对照组（家庭常规育儿）。1岁半时，早期教育组的智力发育指数比对照组高19.6分，非常优秀的比例增加了6.7倍。接受早期教育的婴儿健康活泼、爱学爱问、社会交流能力好、有爱心、生活自理能力强。

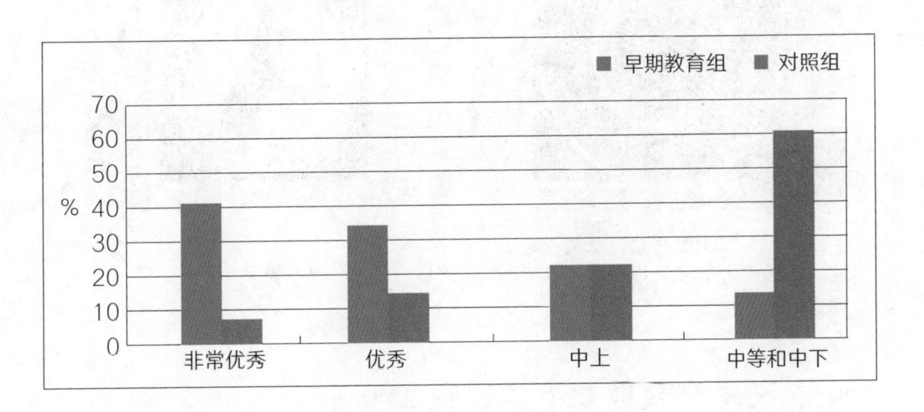

早期教育组和对照组1岁半时智力发育指数分级比较

2.受伤大脑的可塑性

孩子的年龄越小，大脑可塑性越强。由于窒息或早产引起的大脑缺氧、缺血或脑发育异常等脑损伤，大脑在未成熟以前，可以实现整个大脑的功能重组，在损伤部位周围有效地实行功能替代，使脑功能得到良好的代偿。

有一个婴儿生下来脑室很大，从新生儿期开始，母亲倾注全部精力和爱心，按照我们介绍的方法（可参考我们出版过的图书《0～3岁儿童最佳的人生开端》，中国妇女出版社，2019年），给婴儿做按摩、体操、运动、认知、语言以及生活能力的训练，7个月时虽然头颅磁共振成像（MRI）显示脑室仍很大，但智力和运动功能正常，11个月会走，各种能力均比同龄儿更加优秀。这说明，虽然大脑仍有缺损，但其功能得到了代偿。

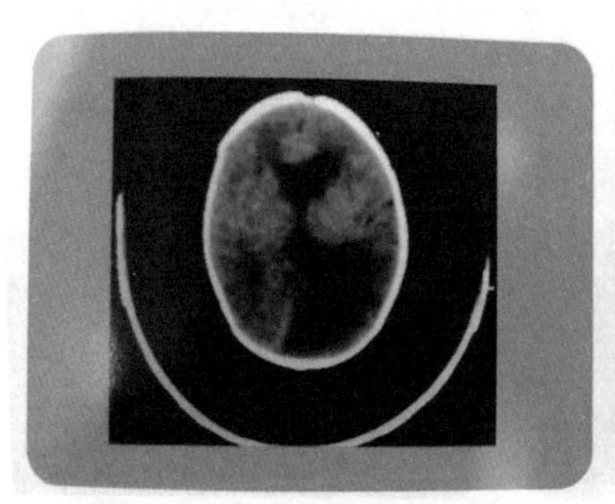

出生时头颅CT照片
显示大脑有缺损，脑室很大

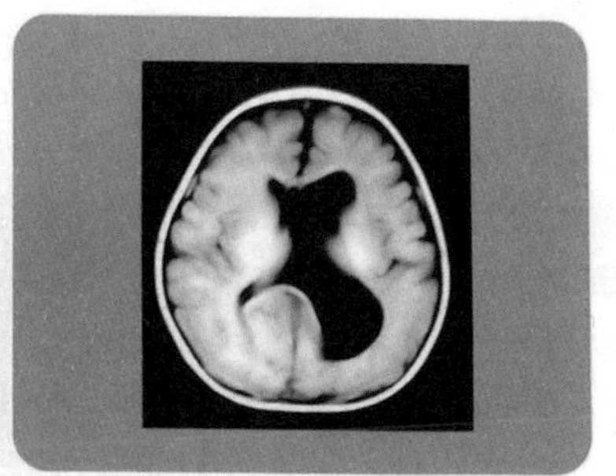

出生后7个月头颅MRI照片
显示脑容量增加

窒息儿和早产儿早期干预研究成果

窒息新生儿指出生前、出生时或出生后血液循环气体交换发生障碍，使新生儿血氧供应不足，造成脑损伤，严重者可影响智力发育。有4%～9%窒息儿发展为智力低下，还可引起癫痫或脑瘫等。

1991年，我们对足月窒息儿进行了早期干预研究。64名窒息儿为早期教育组，55名窒息儿为常规教育组（家庭常规育儿），另设65名正常新生儿为正常对照组。1岁半时，窒息儿早期教育组的智力发育指数比常规教育组高14.6分，完全赶上正常儿组的水平，没有一个智力低下。而窒息儿常规教育组的智力发育指数比正常儿低9分，其中 9%智力低下。

早产儿指妊娠不足37周出生的新生儿。早产儿越早出生，大脑发育越不成熟，新生儿期患疾病的越多，如窒息、呼吸困难、颅内出血、感染、营养不良等，这些将引起大脑损伤，使智力落后。据统计，7.8%的早产儿可发生智力低下，还容易发生脑瘫。脑瘫儿中约有一半为早产儿。

1992年，我们对早产儿进行早期干预研究。52名早产儿从新生儿期接受早期教育（早期教育组），51名早产儿为常规教育组（家庭常规育儿），另设53名正常新生儿为正常对照组。2岁时，早产儿早期教育组的智力发育指数比早产儿对照组高14.6分，甚至超过了正常新生儿组，无一例智力低下。而早产儿对照组智力发育指数比正常儿组低8.9分，其中7.8% 智力低下。

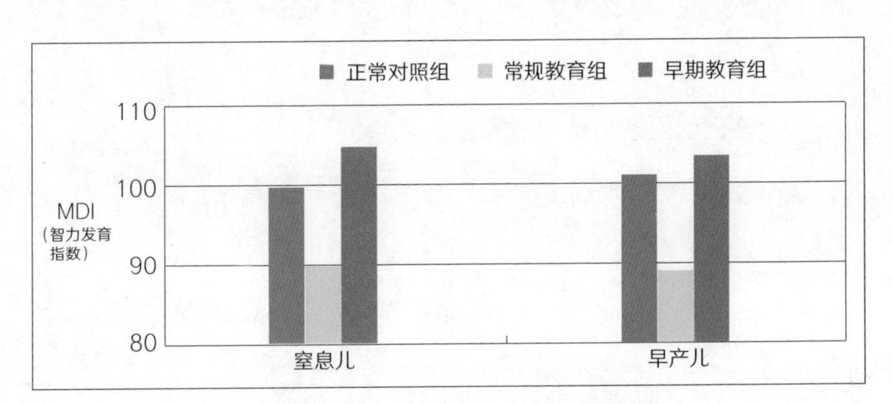

窒息儿和早产儿早期干预效果对照表

以上研究结果显示，早期教育可以预防窒息儿和早产儿智力低下。

早期干预降低早产儿脑瘫发生率的研究

2006年，早期干预降低早产儿脑瘫发生率研究协作组（全国29个单位）进行了早期干预降低早产儿脑瘫发生率的研究，将出生或者就医于29个协作单位、存活的、胎龄小于37周的早产儿2684例分为两组（有先天畸形和遗传代谢性疾病的除外）：研究开始前一年内出生和研究后出生、家长不愿意参加早期干预指导的1390位早产儿为常规育儿组（常规组），研究开始后出生、家长积极参加早期干预指导的1294位早产儿为早期干预组（干预组），两组婴儿数目相近。干预组早产儿出生后于家中在早期教育的基础上接受按摩、被动体操和比较强化主动运动训练，常规组只接受常规保健指导。两组婴儿通过详细统计对比，在孕母并发症、平均胎龄和出生体重、小于胎龄儿和适于胎龄儿的比例、单胎和多胎的比例、胎内窘迫、胎膜早破发生率、出生体重、阿氏评分、生后窒息等疾病方面，两者之间有可比性。1岁时脑瘫发生率，干预组为0.94%（13/1390），常规组为3.55%（46/1294），干预组脑瘫发生率减少了约3/4，两组有显著性（$p<0.0001$）差异。研究得出的结论是：指导父母对早产儿出院后开始进行早期干预可降低脑瘫发生率。

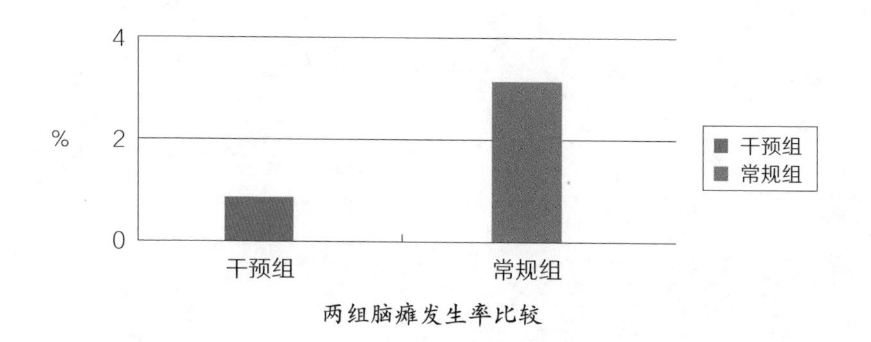

两组脑瘫发生率比较

早产儿胎龄越小，脑瘫发生率越高，胎龄<28周出生的早产儿，脑瘫发生率为85.5‰；胎龄28～31周出生，脑瘫发生率为 60.4‰（是<32周的10倍）；胎龄32～36周出生，脑瘫发生率为 6.2‰ 。这是因为出生胎龄越小，脑发育越不成熟，受到伤害的机会越大。

因此，我们于2011年又进行了降低32周以下出生早产儿脑瘫发生率的研究（原卫生部科技教育司小儿脑性瘫痪流行特征及规范化防治子课题），研究的方法同上，也取得了非常良好的效果。通过早期干预，脑瘫的发生率降低了约2/3。

组别	例数	脑瘫例数	
		例数	百分比（%）
干预组	452	10	2.21
对照组	405	25	6.17
P 值		< 0.01	

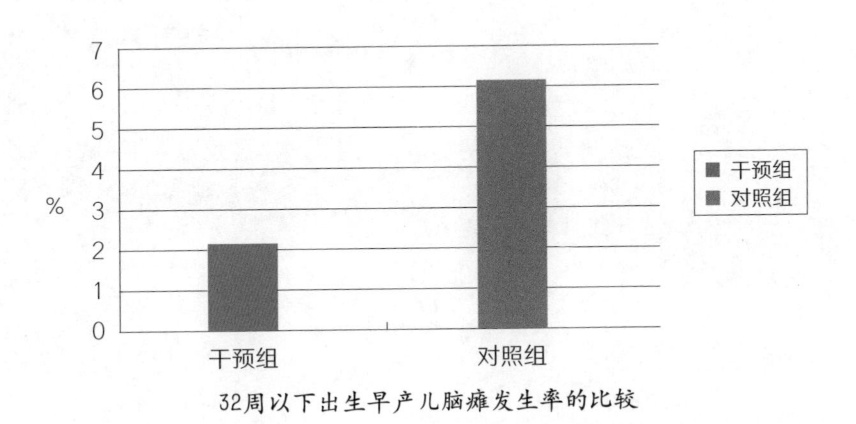

32周以下出生早产儿脑瘫发生率的比较

婴儿大脑有很大的代偿能力，通过重复的主动运动训练，可使受伤大脑的功能得到代偿，以达到功能康复的目的。到目前为止，世界上还没有找到一种药物可以治疗或预防脑瘫和智力低下，但是从幼小年龄开始，加强教育和康复训练可以减轻、预防智力低下与脑瘫的发生。因为婴幼儿的大脑有很大的可塑性，我们系列的研究也证明这是正确的。

第2章

读懂孩子的
身心发育规律

婴幼儿动作发育规律

婴幼儿动作的发展是神经系统发育的一个重要标志。人出生后动作发育很不成熟，要在1～2年内迅速发展起来。动作发展和心理、智能的发展是密切相关的。尤其在婴儿期，由于言语能力有限，心理发展的水平更多的是通过动作表现反映出来的，也就是说，心理的发展离不开动作和活动，只有动作发育成熟了，才能为其他方面的发展打下基础。

1.躯体动作的发展

躯体动作发展的顺序首先是抬头，1个月以内的婴儿俯卧时头不能抬起，以后俯卧时逐渐地可将头抬起，3个月的小儿俯卧时不仅头可抬起，胸部也可离开床面，用双上肢支起头胸部，和床面约呈90°。婴儿3～4个月时开始翻身，先是由仰卧到侧卧，约5个月时可从仰卧翻到俯卧，约6个月时可独坐，7～8个月时开始学爬行。爬行在婴幼儿动作发展中很重要，不仅可促进全身动作的协调发展，锻炼肌力，为直立行走打下基础，而且可较早地正面面对世界，增加空间的搜寻，主动接收和认识事物，促进婴幼儿认知能力的发展。另外，爬行对婴幼儿情感和社交的发展也有益处。10个月的婴儿可扶着站，扶着迈步行走。1岁左右开始独立行走，从摇摇晃晃的行走到独

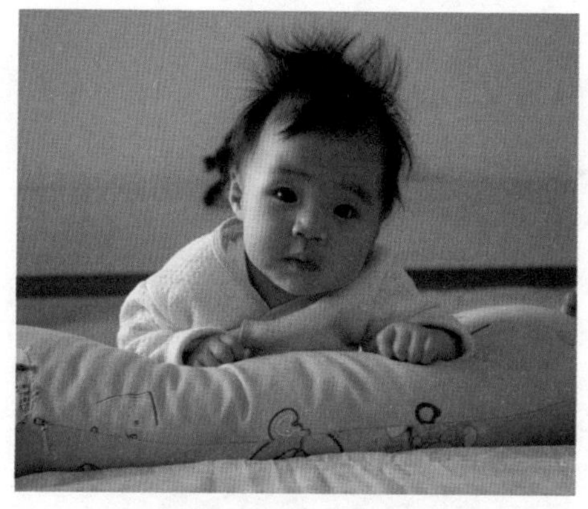

3个月左右的宝宝俯卧抬头

立稳定的行走。直立行走在人的躯体动作发展中占有很重要的位置，这时的宝宝已能够控制自己的部分动作，能够到处走动，也就是说，此时的他有了独立性和主动性。他可以主动地接触各种物体，扩大认知范围，更有利于各种感觉器官和语言器官的发展。

婴幼儿能独立行走后，想到哪儿就到哪儿，在对事物多方面接触的过程中，分析综合能力得到了发展，这为早期的思维活动提供了可能性。

2.精细动作的发展

手的动作主要是精细动作的发展，这在婴幼儿智能发育中非常重要。手的动作发展顺序如下：3个月前婴儿的手不能主动张开，但可触摸，一般是被动的。3个月后，婴儿的手可有意识地张开，就有了随意的抓握。开始是大把的、不准确的抓握，以后是准确的、五指分开的、手眼协调的抓握；进一步发展为两只手同时抓握，或相互交换手中的物体，从只能抓大的物体到拇指和食指相对的精细捏取，从无意识地松手到有意识地放下。通过以上发展，婴幼儿的手逐渐灵活，可主动地、随心所欲地摆弄各种物品，主动地学习和创造各种活动，这时手就开始体现出工具的作用。

双手拇指、食指精细操作

虽然婴幼儿动作的发展都遵循这一共同的规律，但具体到每一个孩子，其发展速度却各不相同。因为影响动作发育的因素有很多，包括机体、环境、任务等，这些可造成动作发育的个体差异。所以，对婴幼儿动作发育进程的评价要有多方面的考虑和科学的评估方法。

婴幼儿感知觉发育规律

感知觉是婴幼儿认识世界和认识自我的重要手段，是早期发育最迅速的能力，也是认知发展的重要基础。感知觉的发育是从宝宝降生就开始的，并在降生的头几年内发展尤为迅速。绝大部分的基本感知觉能力在婴幼儿期即已发育完成。

1. 视觉的发育

视觉刺激为人和他们所处环境的联系提供极其重要的信息。出生几天的新生儿即能注视或跟踪移动的物体或光点，1个月内的新生儿还不能对不同距离的物体调节视焦距，动力视网膜镜显示最优焦距为19厘米。2个月以内的婴儿，最佳注视距离是15厘米～25厘米，太远或太近都看不清楚。2个月以后，

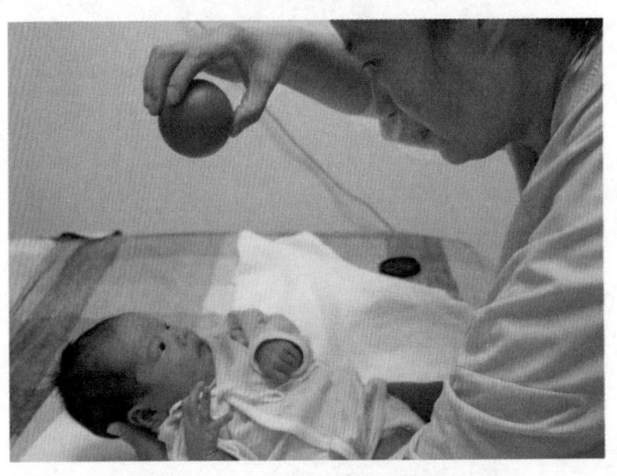

新生儿可以注视移动的物体

婴儿开始按物体的不同距离调节视焦距。4个月时眼的视焦距调节能力即已和成人差不多。

婴幼儿视觉功能的特点是：看到运动的物体能明确地做出反应，如闪烁的光、活动的球及活动的人脸等。新生儿更喜欢人的面孔或者类似物体，这种偏好可能是人类进化过程中残存的适应性机能，这种机能可以帮助婴儿辨认自己的看护者，并促进他们交往能力的发展。新生儿容易集中注视对比鲜明的物体的轮廓部分，如白背景下的黑边线，对黑线条附近对比最强烈的地方注视时间更长。婴幼儿容易注视图形复杂的区域、曲线和同心圆式的图案。

2. 听觉的发育

宝宝对声音很敏感

现在的研究证明，5～6个月的胎儿即开始建立听觉系统，可以听到透过母体的频率为1000赫兹以下的外界声音。出生后随着新生儿耳中羊水的清除，声音更易传递和被感知。新生儿听觉阈限高于成人10分贝～20分贝，婴儿在高频区的听力要比成人的好。

婴儿不仅能听到声音，对声音的频率也很敏感，他们可以分辨200赫兹～250赫兹的差别，能区别语言和非语言，而且能区别不同的语音，即使是母语语言系统以外的声音，他们也一样分辨得很好。显然，这有助于语言的学习。婴儿对人发出的声音很感兴趣，尤其是音调较高的女性声音。很多研究表明，胎儿可以透过子宫壁听到妈妈的声音，所以宝宝出生后对妈妈的声音有很强的感应能力。这些都是他们语言学习的基础。

3. 嗅觉、味觉的发育

嗅觉是一种较为原始的感觉，在进化早期曾具有重要的保护生存、防御危险的价值。在胎儿7～8个月时嗅觉器官即已相当成熟，出生后的新生儿即已有了嗅觉反应，他们嗅到母乳的香味就会将头转向母乳一侧，3～4个月时就能稳定地区别不同的气味。起初婴儿对特殊刺激性气味有类似轻微受到惊吓的反应，以后渐渐地变为有目的地回避，表现为翻身或扭头等，说明嗅觉变得更加敏锐。

味觉是新生儿出生时最发达的生理感觉，它具有保护生命的价值。味觉在宝宝出生时已发育得相当完好。新生儿味觉是相当敏锐的，能辨别不同的味道，他们对甜味的反应一开始就是积极的，对咸、酸、苦的反应则是消极的、厌恶的。把不同的食物放在婴儿的舌尖上，可以看到不同的反应，对苦和酸的食物他会产生皱眉、闭眼等表情。

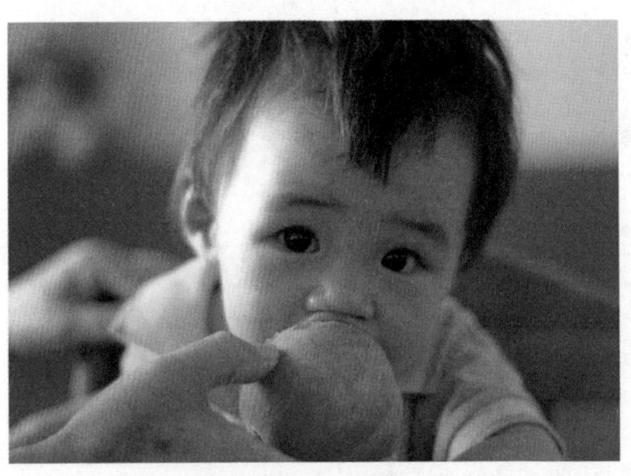

宝宝对甜味水果有积极的反应

4. 触觉的发育

口腔触觉

婴儿出生后就有触觉反应，如母亲的乳头接触到婴儿的嘴或面颊时，他就会做出觅食和吸吮动作；用物体触到他的手掌，他就会握住；抚摸他的腹部、面部等，他即可以停止哭泣等。对触摸的敏感无疑提高了婴儿对外界环境的反应性，所以抚触和亲密接触对新生儿有良好的发展促进作用，可缓解焦虑，帮助他们安静下来，还能够促进神经活动，使大脑发育得更好。

婴儿在4～5个月后视触协调能力发展起来，可以有意识地够到物体，并通过触觉来探索外在世界，先是口唇，后是双手。触觉是婴儿认识世界的主要手段，在其认知活动和依恋关系形成的过程中占有非常重要的地位。

5.知觉的发育

宝宝出现手眼协调动作

宝宝知觉的发生较晚，在出生后4～5个月时才出现明显的知觉活动，手眼协调的动作也是在此时出现的。有研究表明，婴儿在3～4个月时已出现对形状的知觉，4个月的婴儿对物体有整体的知觉，能把部分被遮蔽的物体视为同一物体。还有实验证明，7～8个月甚至更小的婴儿就有深度知觉。另外，空间知觉、距离知觉、自我知觉等也在婴儿时期逐步地发展起来，但这些都要依据运动发展提供的经验来体现它们的意义。

6.婴儿的跨通道知觉

从一种感觉通道（如触觉）获得的信息推论出另一种感觉通道（如视觉）已经熟悉的刺激物的能力叫跨通道知觉。很多研究证明，婴儿的跨通道知觉能力发展得也很早。视觉—听觉之间的跨通道知觉能力大约在婴儿4个月时出现，某些情况下1岁的婴儿会对通过多感觉通道共同感受到的刺激更感兴趣。

触觉–视觉的跨通道知觉

感知觉在刚出生时是一体化的，或者说是未分化的，随着宝宝逐渐长大，他们将学会运用多种形式知觉刺激物，从而发展出真正的跨通道知觉。换句话说，当宝宝学会看、听、闻、尝和触摸时，他们才能够分辨各种不同的感觉信息，然后再将它们整合起来。

婴幼儿语言发育规律

语言的发展在婴幼儿认知和社会性发生发展过程中起着重要作用，婴幼儿如能掌握部分语言，就得到了一种有效的认知工具，可以通过与成人的交往进行学习，提高认知水平。

2周左右的婴儿能区分人语声和其他声音，如钟声、哨声等。这种区别不同声音的能力是他以后学习语言的前提。2个月时，婴儿对他人说话时的情绪表现似乎就有所反应，如以愤怒声斥责他时会哭，以和蔼声安慰他时会笑。婴儿4个月时就能区别男声及女声，6个月时即能区分出不同的语调，5～9个月时能鉴别节奏和语调，9～12个月时能辨别出其母语中的各种音素，开始认识到语音所代表的意义。

经过一年的语言准备，幼儿从1岁左右开始正式学说话，1岁～1岁半语言的发展主要还是对言语的理解，即可以听懂一些简单的故事，但说出的词比较少，一般都是单字词。这时幼儿说话的特点是：多为单音重复，如奶奶、猫猫、灯灯等；单字表达多种用意，如“瓶瓶”可能是“拿瓶子喝水”“把瓶子拿走”“水在瓶子里”等多种意思，这些意思只有在具体情景中成人才能理解。这个时期幼儿能说出的词大多是名词。

1岁半的宝宝可以和妈妈进行简单对话

1岁半～3岁，幼儿的语言发展非常迅速，一般都已掌握了本民族的基本语言。从说单字到出现双字词，然后会说简单的句子，即主要包括主谓语或谓宾语的短句，如“妈妈上班”“姐姐走了”“送送奶奶”，等等。2～3岁，幼儿开始说一些复合句，但仍是比较短的，为6～10个字。总之，幼儿到3岁末已掌握了最基本的语言。

语言能力是智能水平的主要标志之一，也是智能发展的基础。因此，语言发育应是家长和保教人员十分关注的问题，要给婴幼儿创造一个丰富的语言环境，使婴幼儿的语言得到很好的发展。

婴幼儿学习的发展

婴幼儿的学习有四种基本方式。

第一种，习惯化能力，即婴儿能够辨认出反复出现的刺激物，并不再对其做出反应的能力。比如，当同一声音刺激反复出现时，婴儿就不再注意它，不再对它做出反应了。这是一种最简单的学习方式。习惯化能力在婴儿出生以后就出现了，在第一年内迅速发展。习惯化能力是有个体差异的，那些可快速产生习惯化的婴儿，今后智力水平是高的。

第二种，经典条件反射，即一个中性的条件刺激和一个非条件刺激匹配在一起反复出现，经过一段时间后这个条件刺激单独出现时就能够引出反应。例如，反复多次地摇铃后喂奶，但如果只摇铃没有奶瓶，婴儿也会出现吸吮动作。新生儿即可产生经典条件反射，一般都是在生理需要方面，有一定的局限性。但它确实是小婴儿的学习方式之一，他们借此来识别在自然环境中某些同时发生的事情，并学到很多重要知识，如乳房和奶瓶可提供奶，照料者能给自己温暖和抚慰。经典条件反射对婴儿来说具有重要的生存意义。

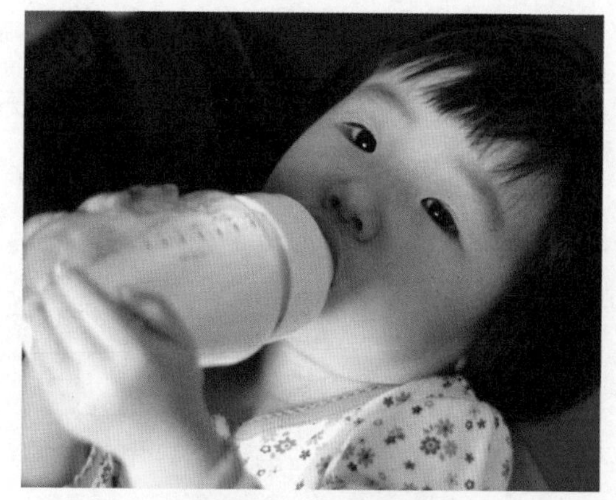
抱奶瓶喝奶的操作行为

第三种，操作性条件反射，指个体首先表现出一种反应，然后将此行为与所引发的特定后果相联系。行为导致的结果会决定该行为以后发生的频率，所以小儿倾向于重复那些令人高兴的行为，抑制那些导致不良后果的行为。这是婴儿学习的一个基本原则。早期操作性学习有重要的社会意义，如婴儿会经常微笑和发出咿呀声来吸引看护者的关注和爱护，同样看护者也在学习如何引发婴儿的积极回应。这种社会交往会越来越顺畅，为建立深厚的情感依恋打下良好的基础。

第四种，观察、模仿，即通过观察他人的行为进行学习的方式。几乎所有的知识都可通过观察一模仿学习，如学习语言、吃东西、解数学题等行为。与操作性条件反射不同的是，通过观察所获得的新反应不需要一再强化

宝宝模仿大人煎鸡蛋

和演练，只需要观察者密切关注被观察者。出生后几天的新生儿就已经能够模仿成人的许多表情，这种积极的反应有着重要的意义和作用。它可以激发看护者的爱心，是建立融洽亲子关系的一个良好开端。8～12月龄婴儿的模仿能力越来越明显和稳定，9月龄就有延长模仿的能力，也就是说，对成人的某些动作，宝宝不仅在大人做完后马上模仿，可能过了一段时间还可以模仿出来。这种能力在1岁以后得到迅速发展，2岁时能够在模仿对象不在的情况下再现一些动态的动作，这种观察学习称为仿效。观察学习能力的持续发展，使得儿童能够通过观察社会榜样迅速获得很多新习惯和好行为。

婴幼儿注意的发展

1～3月龄的婴儿，当有发亮的东西或色彩浓艳的东西出现在视野内，他就会发出喜悦的声音或睁眼注视。这个阶段的婴儿具有选择性注意的特点，喜欢注视曲线胜过直线，偏好对称的物体超过不对称物体。

4个多月的宝宝看到自己喜欢的玩具很开心

3～6月龄的婴儿，随着头部运动自控能力的加强，扫视环境变得更容易；更加偏爱有意义的物体，如喜欢注视母亲以及喜欢的食物或玩具。

6～12月龄的婴儿，随着活动能力增强，注意已不完全集中在视觉方面，而是从更多感觉通道和活动中表现出来，如注意更多表现在抓取、吸吮、倾听，以及操作和运动选择上。

1～3岁以后，随着语言能力发展，幼儿能听懂很多话，言语活动支配注意选择。随着年龄的增长，幼儿的注意可逐渐明确，时间会逐渐延长。

婴幼儿记忆的发展

记忆是宝宝心理活动在时间上得以延续的根本保证，是经验积累或心理发展的重要前提，是宝宝能力发展过程中重要的心理活动之一。一般多认为人类个体的记忆在胎儿时期已经产生。从孕期8个月起，给胎儿听音乐，出生后通过吸吮方法证明，婴儿对所听的音乐有记忆力。新生儿最早的记忆是对妈妈抱或吃奶姿势的记忆。吃母乳的婴儿，只要把他抱成固定的喂奶姿势，就会寻找乳头，说明经过多次反复，婴儿已对这一姿势有了记忆。

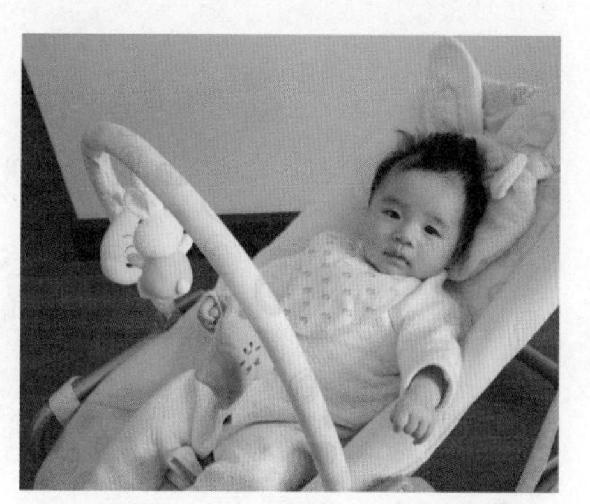

2个月的宝宝在找寻离开视野的看护人

在2～3个月时，婴儿注意的物体从视野中消失时，他能用眼睛去寻找，这表明婴儿已有了短时记忆。

在4～5个月时，婴儿就已能记住喂奶和经常抚爱自己的人（多是妈妈），能把她与陌生人区别开，即能够对熟悉的人再认。但这时的再认只能保持几天，如多日不见就不能再认了。婴儿记忆时间的长短是随着月龄的增加而发展的。

5～6个月以后，婴儿能记住妈妈的模样，见到妈妈时，表现为欢乐、四肢舞动、面带笑容，甚至发出笑声。

8～12个月的婴儿能记住刚看到的玩具，在间隔短时可找出。

1～3岁后，随着语言的发展，幼儿的记忆能力逐渐增强。1岁多的幼儿能记住自己用的东西和一部分小朋友的名字，2岁时能记住简单的儿歌。这时期孩子的记忆保持时间明显延长，能保持几个月。如果父母离开几个月后再回来，幼儿仍能够再认。2岁以后的幼儿才能出现再现的回忆。

婴幼儿认知和思维的发展

1.认知发展

认知是大脑反映客观事物的特性与联系，并揭露事物对人的意义与作用的心理活动。认知的发展是指个体认知结构和认知能力的形成，以及随年龄和经验增长而发生变化的过程。

儿童的认知发展发生于社会文化背景中

皮亚杰认为，儿童的认知发展分四个阶段，

即感知运动阶段（0～2岁）、前运算阶段（2～7岁）、具体运算阶段（7～11岁）、形式运算阶段（11岁～成年）。

维果茨基提出认知发展发生于社会文化背景中，社会文化影响着认知发展的形式。儿童的许多重要认知技能是在与父母、老师以及更有能力的同伴的社会交往中逐步发展起来的。也就是说，儿童的智力发展与他们所处的文化关系密切。

2.思维发展

婴儿在9～12个月时就会产生思维能力

思维是人脑对客观事物的概括和间接的反映，是智能的核心。人的思维活动是一个复杂的认知过程，由于思维和第二信号系统即语言的发育分不开，所以它的发生较迟。一般认为，婴儿在9～12个月时就产生了思维能力，但是比较低级的思维，主要表现为能有目的地运用动作来解决问题，比如找到一个藏在某个地方的物体。这种思维可称为前语言的思维，主要是具体形象的思维，是和婴儿手的抓握和摆弄物体分不开的。

1岁以后，幼儿在言语发育的基础上才开始向抽象逻辑思维发展，但这时仍以直觉行动为主，概括水平还是很低的。我们可以根据婴幼儿的这些特点，注意调动婴幼儿感觉器官的作用，不断丰富其对环境的感性认识和经验，并启发其思维，培养他们用基本的语言进行简单抽象思维训练，为思维的发展打好基础。

婴幼儿个性发育

个性心理特征是人经常表现的、比较稳定的、典型的心理特征，它包括能力、气质和性格。根据婴儿的特点，在这里我们仅介绍自我意识的发展、气质和性格的发展规律。

1.自我意识的发展

自我意识是指人对自己及自己与他人关系的认识，它的发生和发展是一个复杂的过程。自我意识不是天生的，而是受社会生活条件制约的，是在后天的学习和实践中形成的。

3个多月的宝宝吃手只是把手当物体来玩

出生后头5个月的婴儿没有自我意识，不认识自己身体的存在，所以他们吃手、吃脚，把自己的手脚当物体来玩。5个月以后的婴儿逐渐认识到手和脚是自己身体的一部分，开始出现自我意识。

5～8个月的婴儿，对镜像显示出了兴趣，他会注意镜中出现的某一形象，但他仍不能区分自己的形象与他人形象的差异。

9～12个月的婴儿能够认识到自己是镜像动作的来源，能区分自我形象和他人形象。

1岁左右，幼儿学会了走路，逐渐认识了自己能做出动作，如滚动的球是自己踢的；可以把自己和别人及别的物体区分开，认识到自己能力的存在，这就是最初级的自我意识。

1～1岁半，随着言语的发展，幼儿知道了自己的名字，并能用名字称呼自己，这表明幼儿开始能把自己作为一个整体与自己的动作区别开。

2～3岁，当幼儿掌握了代词“我”以后，自我意识的发展进入了一个新阶段。这时幼儿不再把自己当作一个客体来认识，而是把自己当作一个主体。到3岁以后，幼儿才开始出现自我评价的能力。

2.气质的发展

气质是人在进行心理活动时，在行为方式上表现出的强度、速度、稳定性、灵活性和指向性等动态的心理特征。它是个性心理特征的重要组成部分，是一个人比较稳定的心理特征。

婴儿在生后早期就明显表现出某种气质的特征，这主要是由高级神经活动的类型决定的，也就是说，有一定的先天遗传的影响。例如，有的婴儿一出生就很活跃、活动较多，对什么事都反应强烈、较急躁；有的婴儿则较安静，活动相对少，对事物反应平静而缓慢；还有的婴儿介于这两者之间。

气质类型本身无好坏之分，每种气质类型都有积极的方面和消极的方面。由于气质影响婴儿的活动方式，所以它经常地、强烈地影响着父母的反应，影响着婴儿的个性形成、亲子关系、早期社会交往以及认知等各个方面的发展，对婴儿早期教养有着不可忽视的重要影响。

气质也是可以改变的，可通过环境经验，在成熟的过程中调整。后天环境和教育对气质发展的影响至关重要，家长及保教人员应当了解每个婴儿的气质特征，以不同的方式给予教育，注意帮助婴儿发扬气质特征中积极的方面，克服消极的方面，促使每个婴儿形成个人特有的活动风格。

3.性格的发展

性格是指一个人对客观现实的某些态度，以及与这些态度相适应的比较牢固的行为方式。性格是个性的核心。性格不是遗传决定的，是在生活环境和教育的影响下形成的。

性格是有好坏之分的，婴儿期是个性初步形成的时期，是奠定基础的关键时期，因此要充分重视孩子良好个性品质的形成。早期的性格培养主要是一些良好习惯的形成，包括喂养习惯、睡眠习惯、自我服务习惯、分享的习惯及待人接物的习惯。这些习惯从小培养是非常自然和愉快的，一旦养成了不好的习惯，纠正起来就比较困难和痛苦。所以，从小形成良好的习惯对于一个人来说会终身受益。

第3章

重视孩子的
情绪管理和
健全人格培养

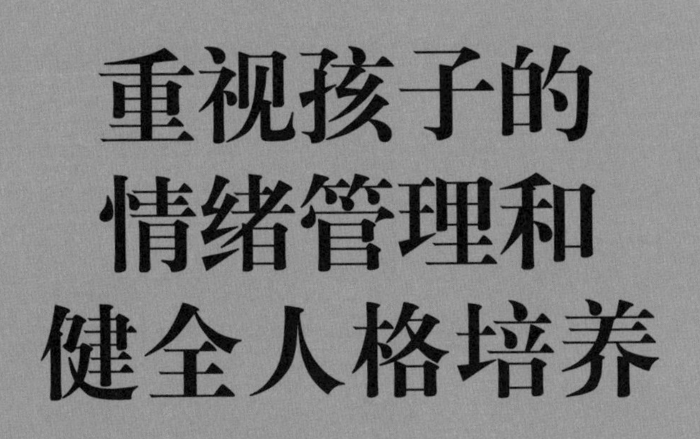

情绪智力伴随孩子成长

宝宝天生就具有情绪的反应能力，出生后很早就表现出了情绪反应，这是宝宝重要的适应生活的方式。情绪、情感直接影响婴儿的行为，对婴儿的认知活动起着激发和推动的作用。例如，新生儿吃饭后就安静，饥饿或尿湿时就不安、哭闹等；2～3个月的婴儿吃饱、睡好后就会微笑，当成人逗他时，就会全身活跃或笑出声；5～6个月开始，婴儿对新鲜的玩具特别感兴趣；随着年龄的增长，只有婴儿感兴趣的东西才能引起他的注意；婴儿在情绪高涨时做什么事都积极，也乐于学习，而情绪不好时，则什么也不听、不学、不做。这就是人们常说的"婴儿凭兴趣做事"。

12～24个月时，幼儿开始出现复杂情绪，如尴尬、害羞、内疚、嫉妒、骄傲等，这些情绪一般被称作自我意识情绪，它们在一定程度上都源于对自我感觉的提升和降低。到了3岁，幼儿能够更好地评判自己的表现优劣时，会在成功地完成一项困难的任务后表现出骄傲，也会在未完成一项简单任务后表现出羞愧。

2岁的宝宝开始出现复杂情绪

情绪、情感是宝宝进行人际交往的重要手段，他们的情绪表现具有影响看护者行为的交流功能。婴儿出生后不久，对人即有了泛化的认识，他们见任何人都微笑，6～7个月开始表现怯生情绪，并产生了与亲人相互依恋的情感。8～10个月，婴儿出现分离焦虑的情绪，这种情绪在13～15个月最强，1岁半以后逐渐减弱。1岁多的幼儿即可出现对人、对物的关系体验，如有同情感。2岁时幼儿已出现快乐、兴高采烈、爱亲人、爱小朋友、害怕、厌恶、苦恼，甚至嫉妒等情绪的表现。

对孩子的情绪要求给予相应的感情照顾

父母应注意在孩子不同年龄段的不同情绪要求，并给予相应的感情照顾，帮助孩子适应成人社会中对他来说不可避免的环境要求，这将有助于逐渐培养孩子乐观而稳定的情绪。

6个月以前最好的养育方式是让孩子经常笑，这种良好情绪稳定下来就会成为乐观开朗的情绪特征。婴儿最早是通过情绪和人交流的。新生儿生下来用哭声呼唤成人的照顾。当宝宝吃饱了，在睡梦中会显露出甜美的微笑，说明他很舒适。婴儿从2～3个月开始，情绪不仅受生理需要调节，也受心

要经常逗宝宝笑

理需要的控制。从2个月开始，当成人逗引时他会出现应答性微笑，这种微笑会出现得越来越频繁。3个月时会“啊”“呀”发声，当父母离开时他的微笑停止，会发出某些声音或用眼寻找父母，希望父母和他面对面逗笑玩。对孩子的情绪要求如果成人不应答，孩子会哭泣、情绪低落。因此，为了发展孩子愉快和稳定的情绪特征，父母要尽可能多地和他接触，与他玩耍，同他说话，给他唱歌。

宝宝健全人格的形成要从小培养

忽视宝宝良好行为培养，会产生许多行为问题，比如，不好好吃饭，不能独立睡眠，不愿意进行控制大小便的训练，不和他人交往，经常打架，爱发脾气，不遵守纪律，过分胆怯或焦虑，等等。更严重的是，由于当前很多家长只重视身体健康、智力发展，忽视了早期良好心理和行为培养，孩子长大后，甚至酿成了一幕幕痛心而愚蠢的悲剧。这都和人格不健全有关系。

婴幼儿健全人格包括哪些呢？我国著名婴幼儿心理学家孟昭兰提出，婴幼儿时期人格的健全发展主要包括四个方面，即乐观、稳定的情绪；思维和活动的独立自主性；自尊心和自信心；良好的社会适应能力。

情绪发展和智力发展与脑功能的关系同样密切。早期教育尊重有关脑功能的发育规律，可以科学地培养孩子的情绪能力，为孩子成年后拥有健全的人格打好基础。

情绪产生和调节的基地——边缘系统，它包括情绪低层中枢和情绪高层中枢系统。

情绪低层中枢（底层边缘系统）——包括杏仁核、下丘脑、脑干，它在新生儿期功能已成熟。

情绪高层中枢（高层边缘系统）——脑前叶边缘系统，它发育较晚。6～8个月眼眶皮质回神经元开始伸出树突，生长迅速，神经元之间的信息连接通道——突触迅猛增长，2岁达最高密度。约2岁起，前额叶皮质进入漫长的突触修正阶段，这将持续到青春期。突触的精减和淘汰受环境和经验的影响，它会为情绪发展奠定基础，以备成人期人格形成所需。人格可塑性比气质的可塑性强，是因为两者由脑的不同部位支配。大体而言，气质是底层边缘系统的产物，是先天决定的。个人逐渐形成的人格，主要是受高层边缘系统——发育缓慢的前额叶皮质管控的，可以通过后天培养。前额叶皮质的可塑性非常高，按照个人累积的情绪经验而发展。在婴儿6～8个月时，前额叶的突触刚开始形成，并且以极快的速度重塑自己的结构，完成信息连接，直到童年结束。

婴儿边缘系统发展方向最重要的引导者是父母。亲子互动的每个时刻，不论是一同进餐、玩逗笑游戏，还是给予适当约束，都在引导边缘系统中一群突触的伸张，让这些突触攻占空间，稳住阵地。父母做出某种情绪反应与社会交往互动范本，子女（从新生儿开始）就会按照父母的方式演练。这样会启动特定的神经畅通，连接边缘系统线路。由于反复强化巩固，会形成较为固定的模式，这就是很多孩子的举止反应非常像自己的父母的原因。因此，父母的身教重于言教。

如何培养婴幼儿健全人格

中国有句古话："三岁看大，七岁看老。"对中国人来说，孩子一出生就是1岁了，所以古人所说的3岁指的其实是我们现在的2岁。这也符合大脑发育的规律。培养健全人格要从小开始，因为一旦形成任性的坏习惯，改起来是很痛苦的，而从小对孩子因势利导，在大脑中形成良好的神经连接，使习惯成自然就比较容易。如何培养孩子的健全人格呢？根据我们的研究和婴幼儿心理学的原理，从孟昭兰老师所讲的四个方面提出以下建议，供父母们参考。

1.如何培养乐观、稳定的情绪

婴儿最早是通过情绪和人交流的。通过情绪，如笑、哭等表达需求，如果父母能够理解婴儿的需求，及时给予喂养和护理，经常和孩子逗笑、玩耍，让孩子和父母建立安全的依恋，孩子总是每天很快乐，笑口常开，就会逐渐培养起乐观、稳定的情绪。

乐观和稳定的情绪对孩子来说意义非凡：

○ 有利于体格发育。

○ 有利于智力发展。婴儿只有在愉快的情绪下才有兴趣进行学习和探索。

○ 有利于交流。婴儿主要依靠情绪交流，而乐观、稳定的情绪会让他用微笑逗引成人的关爱。

○ 有利于开朗个性的形成。宝宝经常很快乐，情绪比较稳定，就会形成活泼开朗的人格特征。

乐观、稳定的情绪对孩子意义非凡

2.如何培养独立自主的性格

1岁左右的宝宝只要给他机会，他就会逐渐表现出较强的独立性。

独立想象和思维在独立活动中产生，要给予孩子活动和玩耍的充分自由。在宝宝的活动中，只要没有危险，父母就不要干预，不必过分保护。

2～3岁时，可分配给宝宝一些简单的事情让他做，如果在他参与的简单劳动中获得了点滴成果，家长给予称赞，他就会更加乐于去做。这样在培养孩子独立性的同时还培养了他的责任心。

孩子需要陪伴、鼓励和赞美，才能走向独立发展的道路。独立性的培养既靠生理自然成熟，也靠后天的学习。当孩子碰到问题，家长要让他想想如何解决，不能要求他完美地完成任务或满意地回答问题，绝不要对孩子说："你错了，还是我来吧！"这样做会打击孩子的积极性，影响独立自主性格的养成。

自己站起来

3.如何培养自尊心和自信心

自信心决定人做事的成败，制约着人接受任务、面向外界的勇气和克服困难的精神。自尊和自信是人格全面发展的基础特征，应从小培养。

积极评价是激发孩子潜力的有效手段，是建立良好自尊和自信的源泉。当孩子用各种方式来吸引大家的注意和赞美时，成人要给予适当的应答。家长不要用自己孩子的缺点与别的孩子的优点做比较，要用发展的眼光看待自己的孩子，要及时表扬孩子的微小进步，不过分指责孩子的失败和错误。

家长要像尊重一个重要的朋友一样尊重自己的孩子。孩子从小就有人格，在和孩子相处时，应该给予孩子应有的尊重，不能因为孩子小，就对他粗暴、冷淡或漠不关心。为了树立孩子的自尊心，对他的兴趣爱好或“艺术作品”，如体操、唱歌、跳舞、涂鸦作品等应当场赞扬，并适当奖励。

对孩子的兴趣爱好应当场赞扬

4.如何培养社会适应能力

在社会任何地方都有必须遵守的秩序和原则，在家庭育儿生活中也是一样。这种遵守社会团体规则的能力就是社会适应能力。为了适应社会，还需要孩子学会与他人合作，自我控制以及独立思考等。孩子的智力发展是重要的，但情绪智力才是孩子未来成功与否更重要的决定因素。情绪智力（Emotional Intelligence）就是认清与克制自己感情的能

自控能力要从小培养

力，以及理解并回应他人情绪的能力。

糖果试验说明情绪智力的重要意义。实验者给一群4岁的小朋友每人一粒糖，并告诉他们，如果现在吃了这粒糖，就不会再得到第二粒糖；如果愿意等15分钟，实验者回来后再发一粒糖，这样就可以有两粒糖吃。结果，有些孩子还没有等实验者走出去就把糖送进嘴里；有些孩子为了克制吃糖愿望，变得坐立不安，抓耳挠腮或者唱起歌来，自言自语，甚至捂着眼睛不敢看这粒糖，但最终获得了第二粒糖的奖励。值得重视的是，这次实验的表现与4岁智力测验的分数关系不大，但却成为预测高中毕业成绩的依据。结果是，4岁时较能克制冲动的孩子，不但学习成绩好，进大学前学业智力测验也优于自制力较差者；青春期以后的社会适应能力也较佳，融入同伴能力以及成人互动的稳定性也比较好。这项实验证明调整情绪（使注意力集中，将欲望满足延后）是多么重要。换句话说，如果孩子缺乏情绪能力和自控能力，智力再高也不能得到发挥。

自控能力要从小培养，例如，1～2岁的幼儿要开始学会等待，这也是在培养他的社会适应能力。当孩子要吃点心或要人抱时，父母要让他知道什么时候才能得到满足，教会他在此之前只能等待。如果孩子哭闹，而父母不耐烦了，立即答应他的要求，孩子就会学会通过哭去达到

学会等待就是在培养孩子的社会适应能力

自己的目的。如果父母不答应要求，他就一直哭闹，直到父母答应为止。这样就不可能培养出孩子良好的社会适应性。

约束不好的行为。教会孩子控制不正确的行为，也是培养孩子社会适应能力最重要的内容之一。例如，当孩子急着抢东西吃时，家长必须制止，训练他学会忍耐和等待，可以告诉孩子："等一等，妈妈在给你准备。"

学会和同伴交往。幼儿和同伴交往的作用是成人不能替代的，因为在交往中，同伴的反应更真实、自然和及时。通过与同伴交往，引发同伴的反应，可以提高交往技能。幼儿的友好行为，如分享、微笑等，能马上引发另一个幼儿的积极反应，得到肯定的反馈；而消极、不友好的行为则正好相反，如抢夺、抓人等，会马上引发另一个幼儿的反

与同伴交往可提高交往技能

感。由于同伴之间年龄相近，双方社交地位平等，较亲子交往，更加需要幼儿的社交行为符合友好、积极的要求，克服不友好行为，以获得同伴的肯定与接纳。在和小伙伴玩时，要互相帮助，如交换玩具或有礼貌地借用玩具，并按时归还。上幼儿园后还要学会和同伴分享食物和玩具。

通过游戏学习社会行为规范。游戏也是婴幼儿提高社会适应能力的重要方法。每一种游戏都有一定的规则，而许多有益的游戏本身就含有社会行为规范的演示和训练，在游戏的顺利开展和进行过程中，孩子会自然而然地接纳各种行为规范的约束，并迁移到真实的社会生活中。

婴幼儿健全人格培养的研究

2007年10月至2011年10月，由中国优生优育儿童发育专业委员会和北京协和医院儿科牵头，组织全国21家医学院校和妇幼保健院儿科进行了0～3岁早期综合干预协作研究，探索0～3岁健全人格培养的方法和效果，为提高婴幼儿素质培养提供依据，填补了国内在此领域研究的空白。

研究结果显示，早期干预可以有效提高婴幼儿健全人格的水平。以下为具体的数据分析。

2岁半～3岁人格趋向比较：干预组人格趋向良好比例（30.30%）高于对照组（12.55%），干预组人格趋向较差的比例（3.41%）低于对照组（11.72%）。

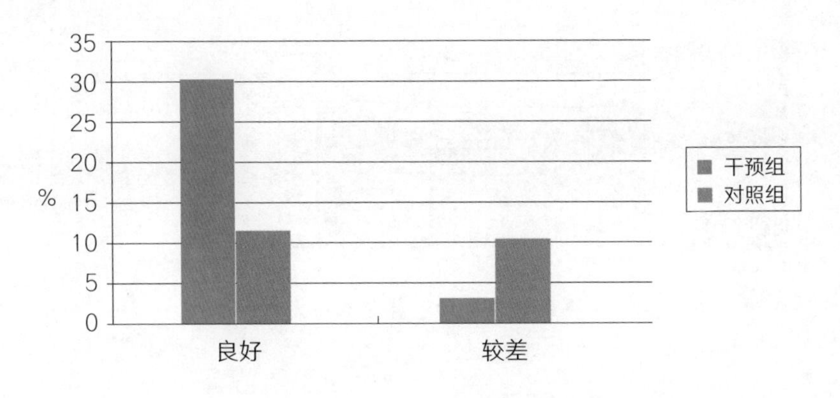

2岁半～3岁人格趋向比较

干预组和对照组比较：2岁半～3岁，干预组不良行为发生率明显比对照组少。

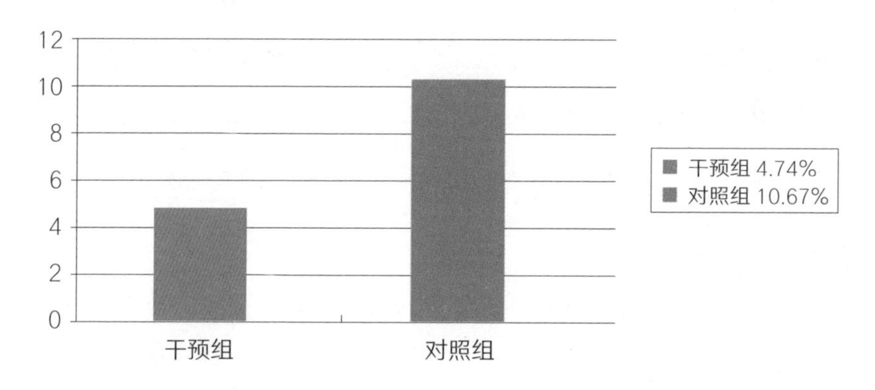

2岁半～3岁不良行为发生率比较

干预组和对照组比较：干预组在探索主动性、合群和适应性、情绪稳定和自我控制、独立性这四个方面，均优于对照组。

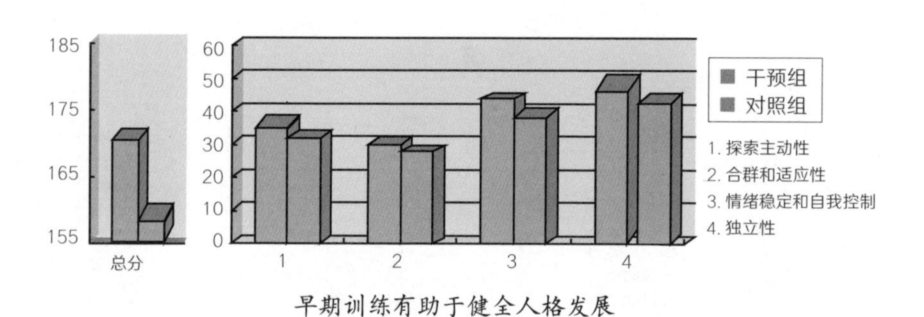

早期训练有助于健全人格发展

第4章

胎儿与新生儿养育简明指导

胎儿期的营养

胎儿生长的全部养料只能来源于母体，所以母亲孕期营养状况的优劣对胎儿的生长发育直至成年后的健康至关重要。孕母对能量和各种营养素的需要量较怀孕前均有所增加，尤其是蛋白质、必需脂肪酸、钙、铁、叶酸、维生素A等多种营养素。为了满足母体孕期对各种营养素的需要，孕期的食物摄入量也应相应增加，但依然应遵循食物多样化的均衡膳食原则，食物力求种类丰富、营养齐全，无须忌口。

孕前三个月开始每日服用400微克叶酸，并持续至整个孕期。孕早期适当多摄入含铁丰富的食物，缺铁或贫血的育龄妇女可适量摄入铁强化食物，或在医生指导下补充小剂量（10毫克/天～20毫克/天）的铁剂。同时注意多摄入富含维生素C的蔬菜水果。孕中期和孕晚期适量增加奶、鱼、禽、蛋、瘦肉的摄入。

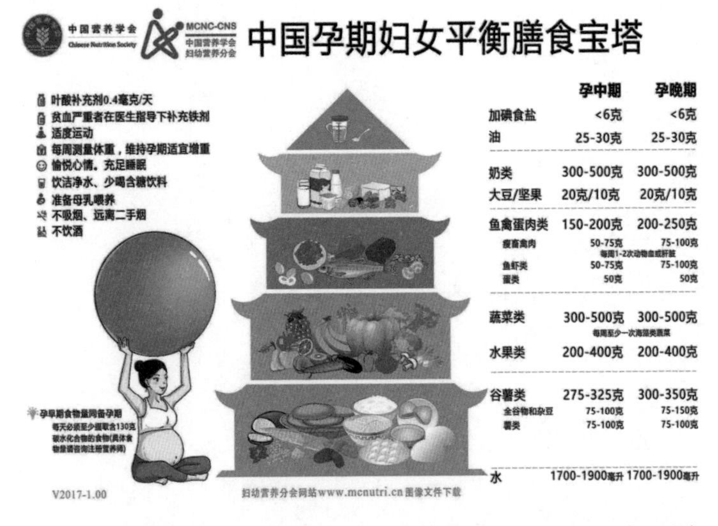

孕期妇女平衡膳食宝塔（图片来源：中国营养学会妇幼营养分会）

胎儿的发育

○ 孕5周胎儿就有自发的运动能力，7～8周能完成简单的单一肢体和关节（如腿、腕等）的活动，12周能活动上、下肢，13～14周臂与腿一起活动，19周能走步并保持直立。之后整个身体将参与复杂多变的自发运动，持续到出生。

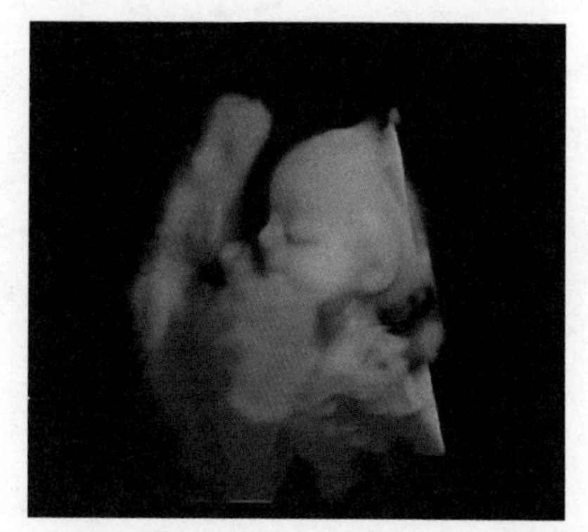
胎儿在活动

○ 胎儿对光能产生反应，能听到体外的声音并产生适应感，触觉和味觉也很早就开始发育。胎儿靠他的感觉器官已具有适应环境的能力。

胎儿期的发育促进方法

○ 孕母的良好状态。孕母的工作和生活环境要相对安定，还要心情舒畅、情绪良好、营养充足、合理运动，并有和睦、温馨的家庭氛围。

○ 做胎教。孕16～28周可以开始实施胎教，如听音乐，选择韵律与人的心率协调一致的乐曲，这样可以使胎儿感到安全、放松。

孕母的良好状态有利于胎儿发育

每天定时播放音乐2～3次，每次10～20分钟。孕母也可以唱歌给宝宝听，歌声与呼吸、心跳及胎动协调一致，使宝宝感到安宁。

○ 孕母每天轻轻抚摸胎动的地方，通过触觉加深母子之间心灵的交流。

○ 孕母每天和宝宝对话，给他讲故事，刺激胎儿语言和记忆能力的发展。

胎儿期重要提示

○ 避免遭受有害因素的影响，不饮酒，不抽烟，远离吸烟环境，不要接触铅、汞、砷等化学物质，避免有害物的辐射。

○ 少去人员拥挤的场所，避免感染，不要密切接触猫、狗等动物。

○ 不要随便使用药物，如有问题需要用药时，一定要在医生的指导下使用。

新生儿的生理发育

年龄	性别	体重（千克）	身长（厘米）	头围（厘米）
38 周	男	3.16（2.42 ~ 3.95）	49.5（45.2 ~ 54.0）	33.5（30.7 ~ 36.3）
	女	3.02（2..31 ~ 3.81）	49.1（44.5 ~ 52.9）	33.1（30.4 ~ 35.9）
39 周	男	3.33（2.60 ~ 4.12）	50.3（46.1 ~ 54.7）	33.6（31.1 ~ 36.6）
	女	3.20（2.50 ~ 3.97）	49.9（45.5 ~ 53.5）	33.5（30.3 ~ 36.2）

续表

年龄	性别	体重（千克）	身长（厘米）	头围（厘米）
40 周	男	3.46（2.74 ~ 4.26）	50.8（47.0 ~ 55.2）	34.1（31.5 ~ 36.9）
	女	3.34（2.64 ~ 4.11）	50.4（46.3 ~ 54.0）	33.58（31.2 ~ 36.5）
41 周	男	3.55（2.84 ~ 4.38）	51.2（47.5 ~ 55.6）	34.4（31.8 ~ 37.1）
	女	3.45（2.75 ~ 4.23）	50.9（46.9 ~ 54.4）	34.1（31.5 ~ 36.8）
42 周	男	3.65（2.94 ~ 4.50）	51.4（48.0 ~ 55.9）	34.6（32.0 ~ 37.3）
	女	3.55（2.85 ~ 4.36）	51.2（47.5 ~ 54.7）	34.4（31.8 ~ 37.1）

新生儿的发育水平

○运动。新生儿还不会自主运动，但是有自发性的全身运动。

○新生儿期还有一些反射性的运动，如俯卧位会自动腹爬，将手指放在他手心会主动握紧，扶直立位时有的会主动踏步等。这些原始反射2～3月后会慢慢消失。

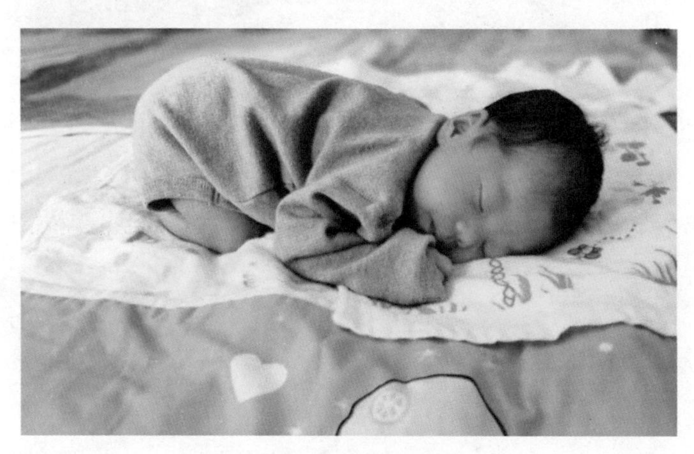

新生儿的俯卧位姿势

○ 新生儿是醒着来到这个世界的，他出生后就会视物，最喜欢看人脸和颜色鲜艳的东西。

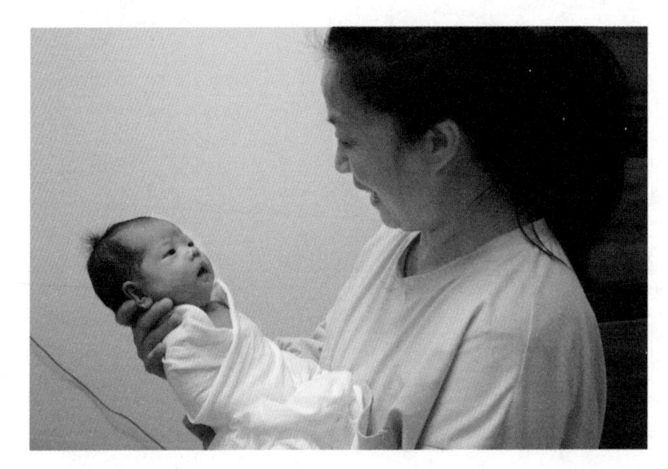

新生儿很喜欢看人脸

○ 新生儿会听，从一出生即有声音的定向力。

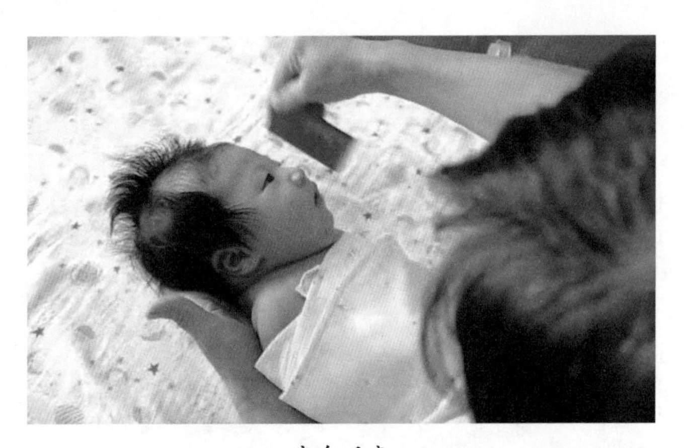

定向听音

○ 触觉、味觉和嗅觉也是新生儿探察世界奥秘、认识外界事物的重要途径。

○ 新生儿有6种意识状态，即安静觉醒、活动觉醒、哭、瞌睡、安静睡眠、活动睡眠。新生儿的大部分时间都处于睡眠状态，没有昼夜节律。出生后头几个月，哭是婴儿和人交往的主要方式，新生儿通过哭来表示意愿。

活动觉醒

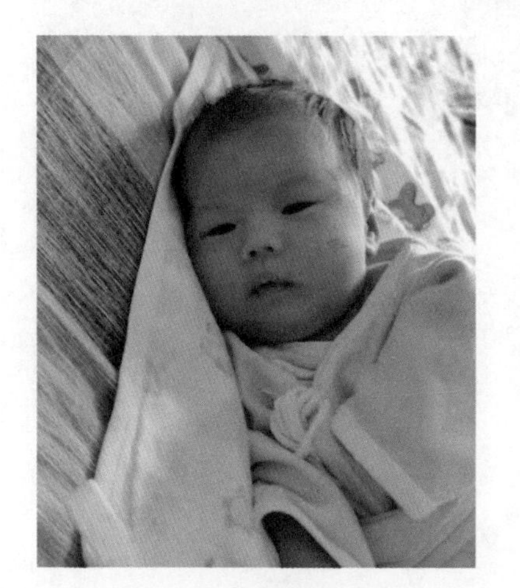

安静觉醒

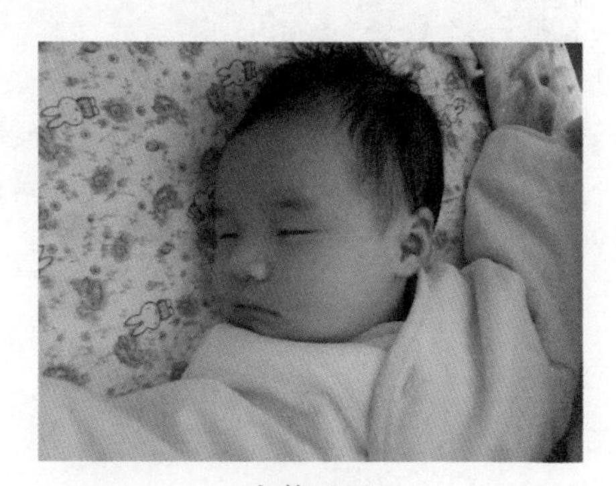

安静睡眠

哭

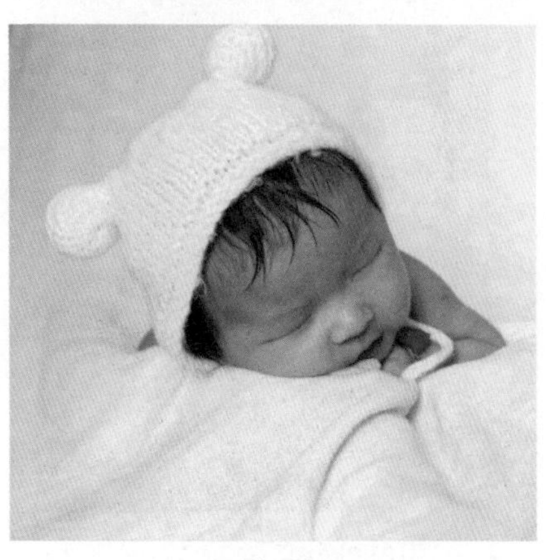

瞌睡

新生儿期的发育与促进

○ 自由活动。不要给新生儿包成“蜡烛包”，不需要将腿绑直，要宽松地包裹宝宝，让宝宝双手在外，可以自由地活动。

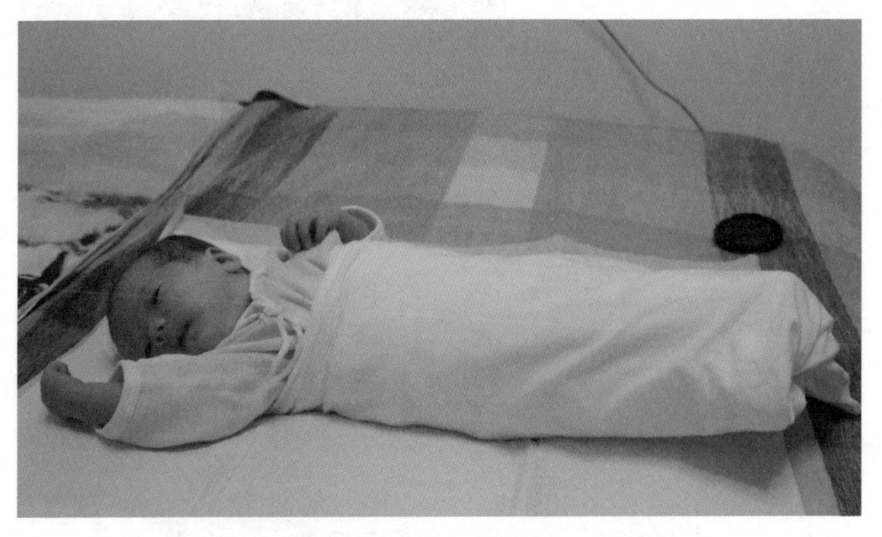

让宝宝双手在外自由活动

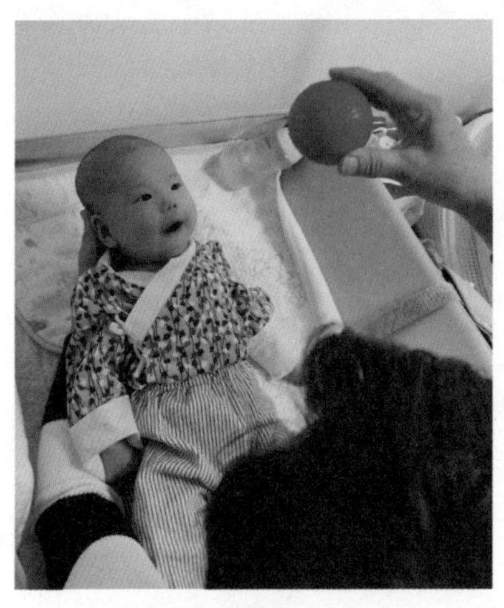

用红球引导宝宝追视

○ 宝宝觉醒时可用颜色鲜艳的玩具（如红球）引导宝宝注视。注意玩具要与宝宝保持20厘米的距离，因为宝宝的视觉调节能力还不行，太远、太近都看不见。先用玩具引起宝宝注视，然后将玩具向左、向右移动，引导宝宝追视。此时宝宝注意力集中时间很短，每次2～3分钟，宝宝有打哈欠、打喷嚏等疲劳表现时就停止。

○ 用带响声的玩具在宝宝耳旁轻轻地摇，引导宝宝听。注意声音要清脆一些，因为宝宝对高频的声音反应好。每次不要摇太长时间，因为宝宝很容易习惯化，而对声音不产生反应。还可以给宝宝放音乐，或者家长在宝宝耳旁呼唤他，刺激宝宝听力的发展。

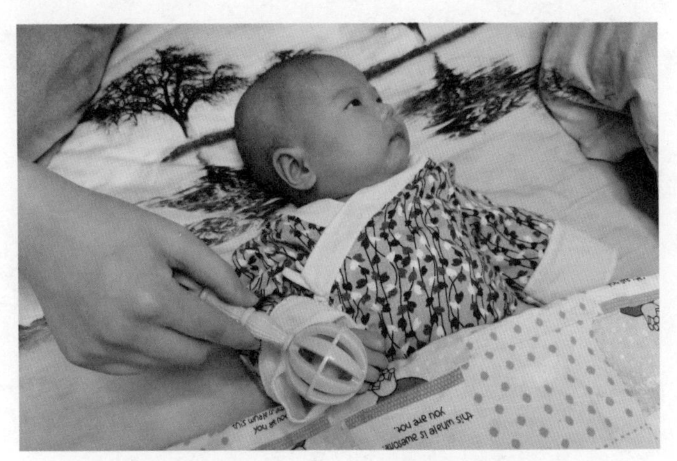

用带声响的玩具刺激宝宝听力发展

○ 家长特别是妈妈要经常面对面与宝宝说话、交流，引导宝宝注视，并移动头部，引导宝宝追视，因为宝宝最爱看人脸。上述操作距离也是20厘米左右。这种交流也可在喂母乳时进行，这样可更快地建立母子亲情，也是宝宝最早的交往能

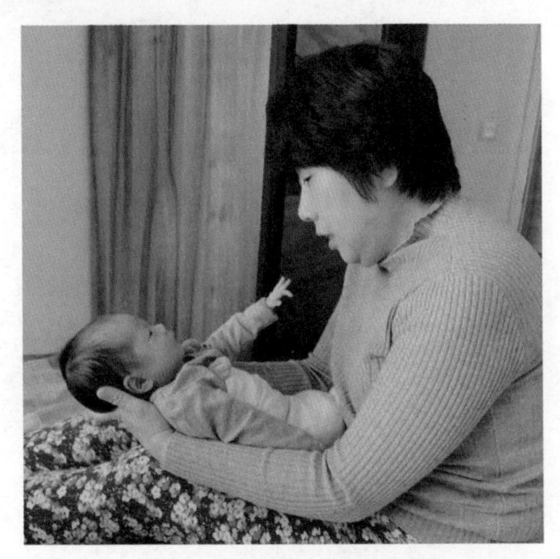

要经常与宝宝面对面交流

力的学习。

○ 逐渐理解宝宝的哭声，正确地满足他的需求，使宝宝从小获得安全感。宝宝哭时不只是想要抱一抱，有时宝宝尿湿了、热了、饿了、寂寞了都会哭，而且哭声会略有不同，家长要观察分析宝宝的哭声，逐渐理解并正确地满足他的需求，使宝宝保持稳定的情绪，更快地建立安全的依恋情感。

○ 给宝宝较多的触觉刺激，可经常搂抱宝宝，哭的时候可用触摸的方式进行安慰。

○ 每日进行抚触。皮肤是人体最大的感觉器官，按摩可通过皮肤刺激促进大脑的发育，按摩还可以促进血液循环，使宝宝体重增加，免疫力增强，这种肌肤的触觉还能够增进亲子依恋关系的建立。

重点提示

全身按摩时将小儿平放在舒适的床面或台子上，室内温度适宜，夏季24℃～26℃为宜，冬季22℃～24℃为宜；按摩时宝宝不能穿得太厚；操作者要在洗手后涂上润滑的护肤油再操作，以免损伤小儿皮肤；按摩最好在两次喂奶的中间进行；按摩力度要适中；按摩过程中要和小儿进行交流，保证其舒适、愉快。可每日按摩1～2次。

按摩的操作步骤如下：

○ 操作者可从头部及面部开始，头部用四指从前额到头顶按摩，做4次。

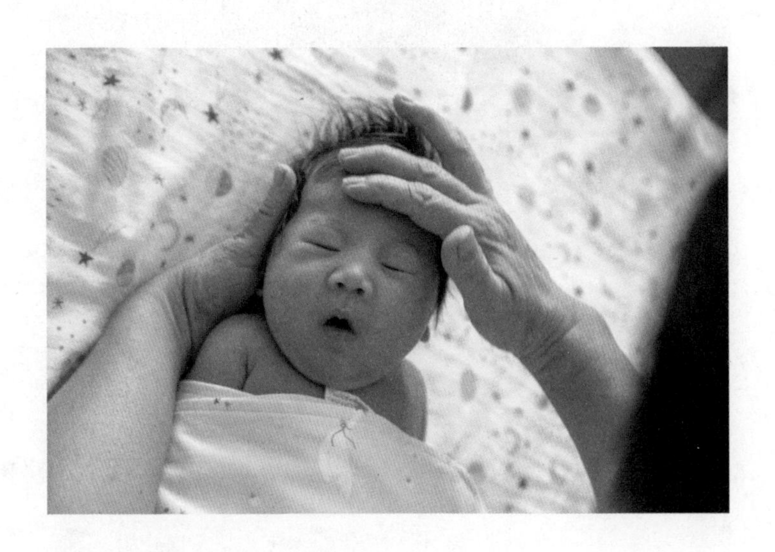

○ 用拇指从眉弓到太阳穴按摩4下。

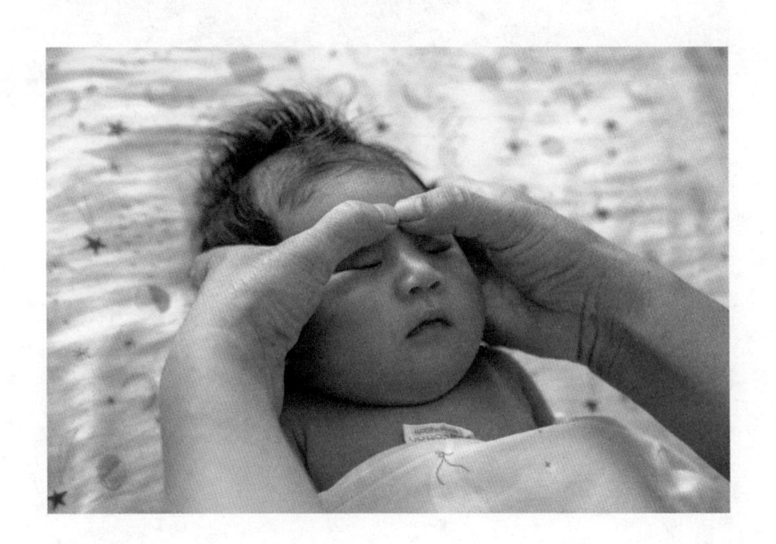

○ 从下颌到颊部按摩4次。

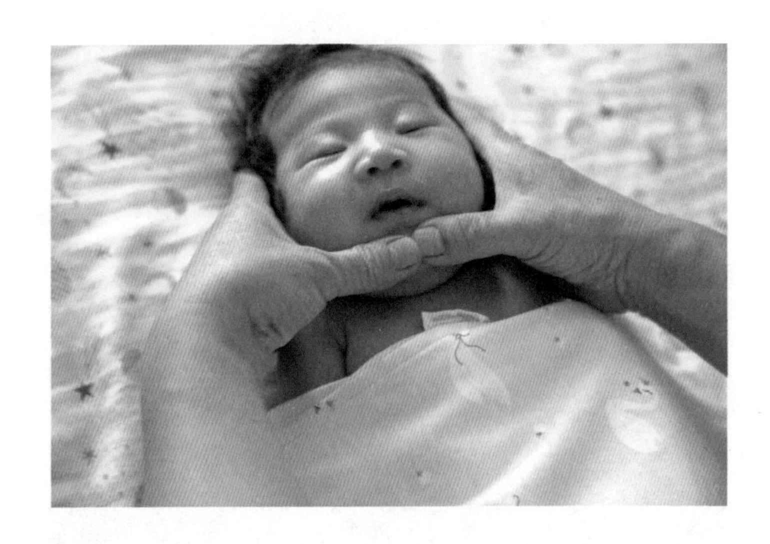

○ 接着按摩胸部，用四指指腹先由内向上，再由外向下，做环形按摩4次。

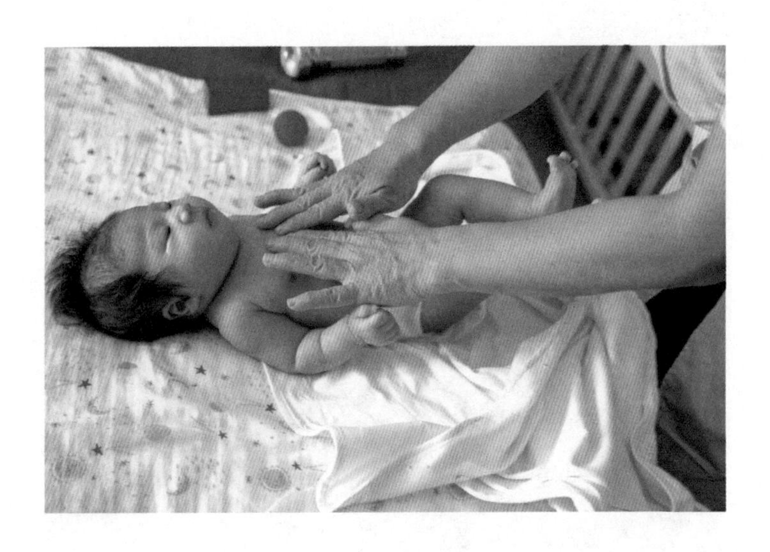

○腹部用手掌顺时针方向由左下向上再向右下，双手交替按摩4次。

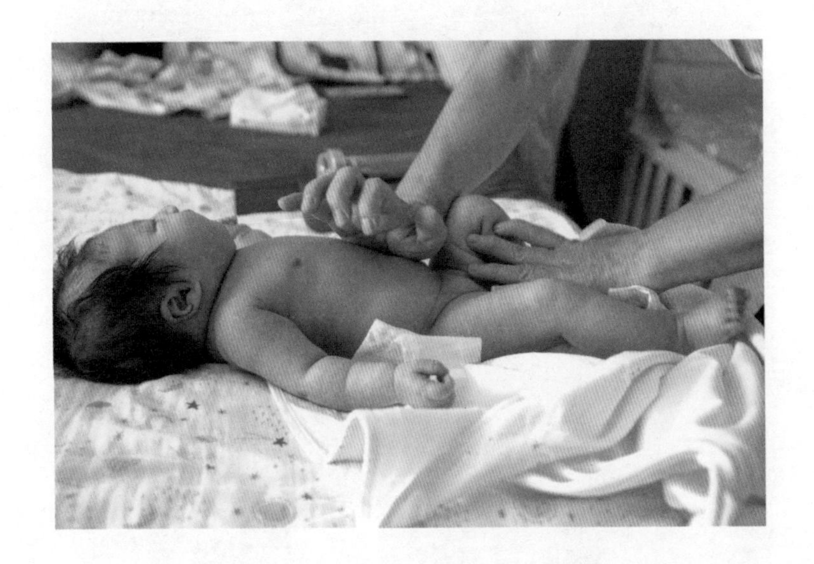

○依次用双手握住上肢、下肢，由下向上轻轻攥压4下，可做4次。

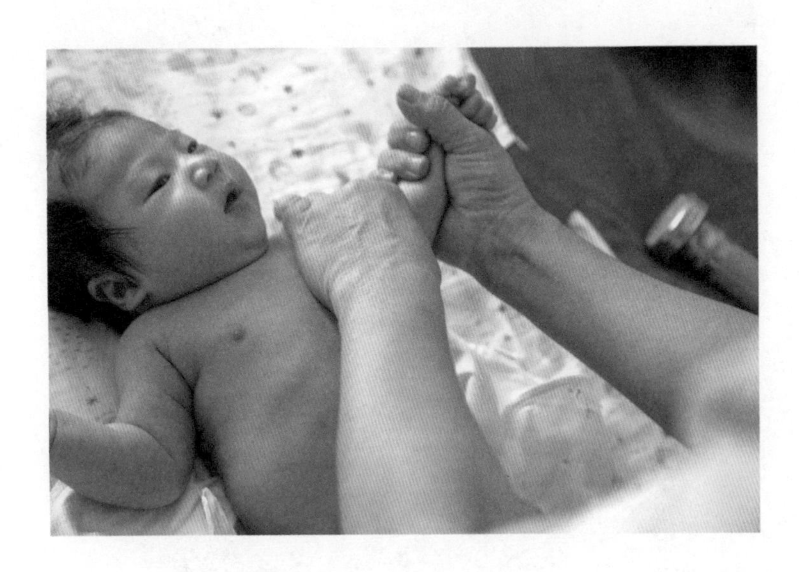

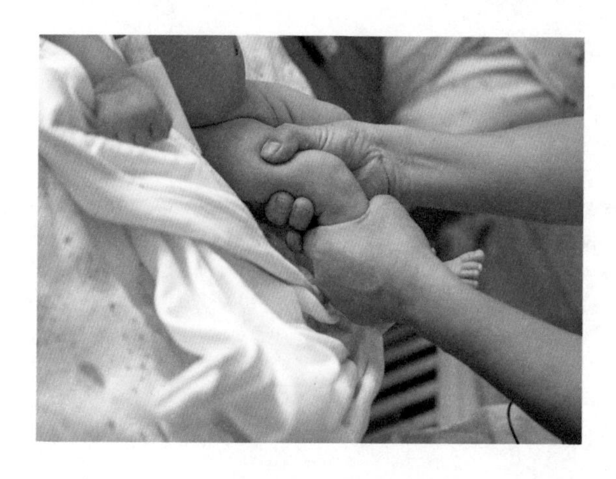

○最后把手心、足心各按摩4次，把每个手指、足趾搓动4次。

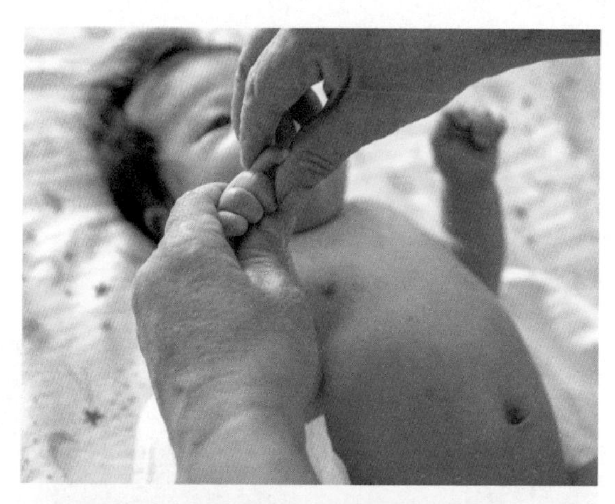

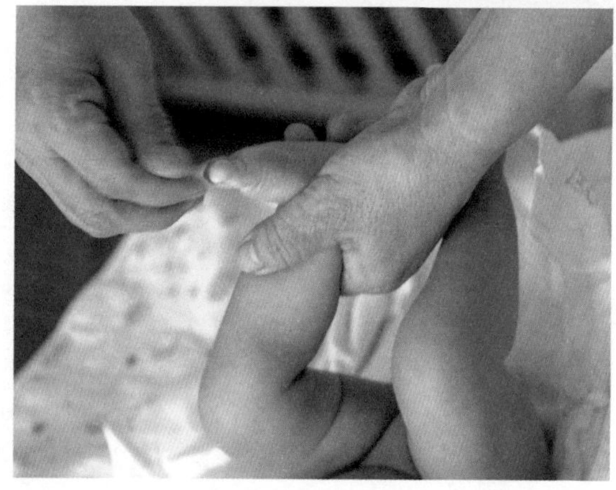

新生儿期重要提示

○ 注意新生儿黄疸。一般生理性黄疸在宝宝出生后2～3天出现，10天内消失，程度较轻。如出现早或消失晚，黄疸比较严重，一定要及时看医生。

○ 防窒息。注意观察宝宝的呼吸情况，避免口鼻处被遮挡、阻塞，宝宝俯卧时要注意看管。

○ 注意温度和室内空气调节，不要捂得太多，出汗多会引起皮肤感染和脱水。

○ 减少人员接触，预防感染。

第5章

1～3月龄宝宝养育简明指导

生理发育指标

年龄	性别	体重（千克）	身长（厘米）	头围（厘米）
1月	男	4.51（3.52 ~ 5.67）	54.8（50.7 ~ 59.0）	36.9（34.5 ~ 39.4）
	女	4.20（3.33 ~ 5.35）	53.7（49.8 ~ 57.8）	36.2（33.8 ~ 38.6）
2月	男	5.68（4.47 ~ 7.14）	58.7（54.3 ~ 63.3）	38.9（36.4 ~ 41.5）
	女	5.21（4.15 ~ 6.60）	57.4（53.2 ~ 61.8）	38.0（35.6 ~ 40.5）
3月	男	6.70（5.29 ~ 8.40）	62.0（57.5 ~ 66.6）	40.5（37.9 ~ 43.2）
	女	6.13（4.90 ~ 7.73）	60.6（56.3 ~ 65.1）	39.5（37.1 ~ 42.1）

神经行为发育水平

○ 新生儿满月后睡眠时间开始减少，觉醒时间逐步增多。

○ 他们能更多地注视人脸，特别是妈妈的脸，能追视出现在眼前的一些颜色鲜艳或对比强烈的物体。

○ 他们能听各种声音，尤其爱听妈妈的声音，也爱听柔和的音乐和其他悦耳的声音。

○ 这个年龄段的婴儿，更多的还是一种自然的、泛化的、无明确目标的身体运动，但已经开始有了对头部的控制，可以在被抱起时竖直头，在俯卧时短暂地抬头。

○ 2～3个月时，婴儿头部的控制能力比较稳定了。此时他们的小手仍然喜欢握成小拳头，但已经能够在手背碰到一些物体时，短时间地张开手，并能握一会儿放在手里的物品。

○ 最可爱的是，2～3个月的宝宝已从吃饱、睡好后自我满足时的自发微笑到逐步能被人逗笑，并能发出“a”“ou”的声音，以召唤周围的人。

○ 3个月的照料与接触，婴儿已引起了照护者的喜爱，萌发了最初的依恋情感。

早期发展促进方法

1. 大运动促进方法

(1) 头竖立

○ 可以经常竖抱宝宝，使其逐步将头竖直。

○ 也可将小儿背靠在成人胸前，一手扶住宝宝胸部，一手托住宝宝的臀部，前面有人或物逗引小儿练习抬头、竖直头。

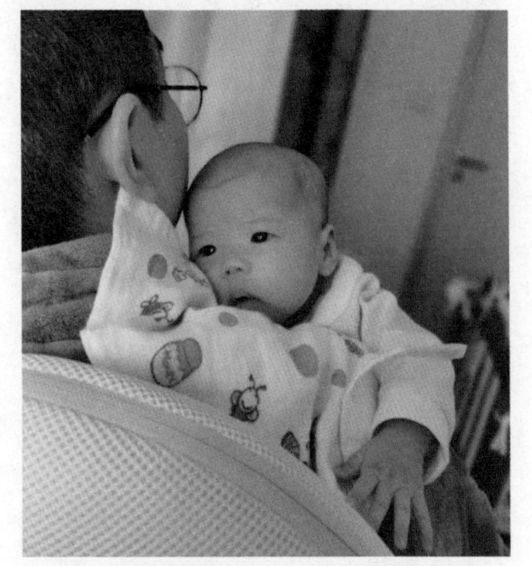

竖抱训练头部控制能力

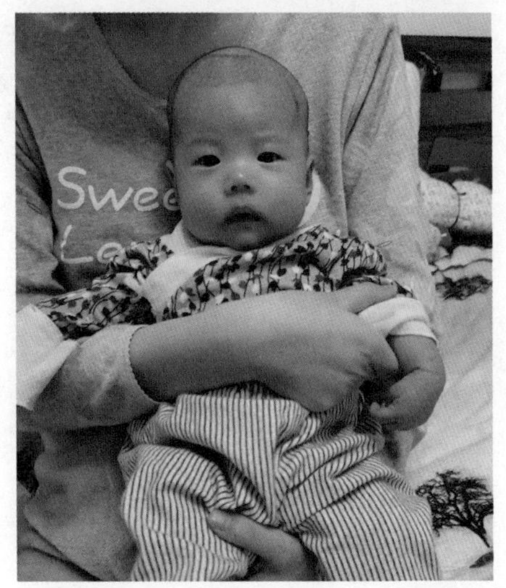

背靠在成人胸前，练习抬头、竖直头

练习竖头

○ 一般2个月的婴儿头可以竖直几秒钟至2分钟，3个月时竖头比较稳。练习竖头时家长要根据宝宝的情况注意保护。

（2）俯卧抬头

○ 从2个月开始，可以将宝宝放至俯卧位，进行俯卧抬头的活动。这要在宝宝吃奶前1小时、觉醒状态下进行，不能刚吃饱就做。俯卧的床面要平坦、舒适，也可让宝宝趴在家长的身上进行练习。

○ 婴儿在俯卧位时，将他的双手放在头的两侧，用一些带响的、色彩鲜艳的玩具，或用语言在前逗引，激发小儿抬头。

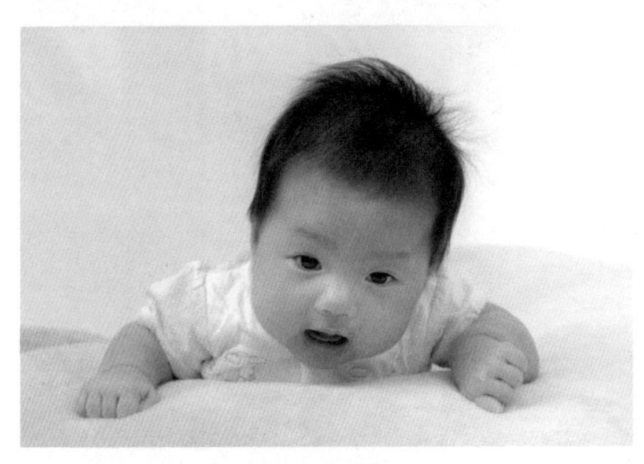
俯卧抬头训练

○ 每次训练从30秒开始，逐渐延长时间，每天可练习数次。一般宝宝在2个月时可以抬头至45°，3个月时可以抬至90°。

（3）拉坐

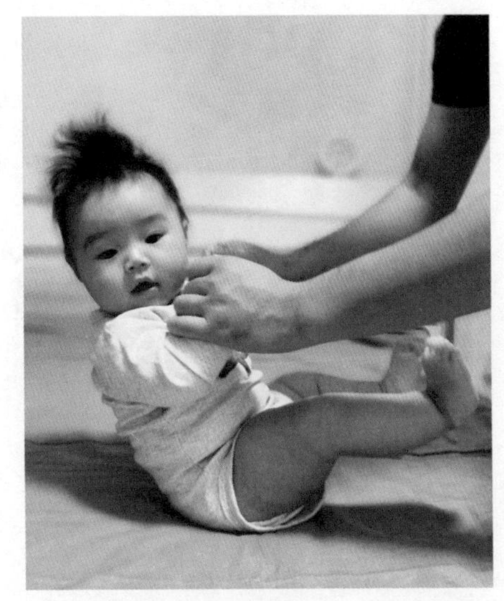
拉坐训练

○ 拉坐也可以锻炼宝宝的竖头能力，可以从2个月开始。

○ 双手要扶住小儿的上臂，慢慢将小儿拉起呈坐位，注意是向前下方用力。

○ 宝宝颈部比较软，开始要让宝宝头部到中线，然后再慢慢放到仰卧。经过一段时间的锻炼，宝宝颈部力量增强了，可逐步将扶前臂拉起改为扶手拉起，宝宝会头和躯干保持一致地被拉起。

2. 精细动作促进方法

抓握训练

○ 3个月前，宝宝的手经常呈握拳状态，但有时会张开，此时可让宝宝练习握玩具。

○ 当宝宝能张开手时（如果手呈握拳状，用手指轻轻敲击婴儿的手背，婴儿就会张开手了），给他容易抓握的玩具玩，宝宝开始握玩具的时间不长，这是正常的。但还是要让他接触和练习握住不同的

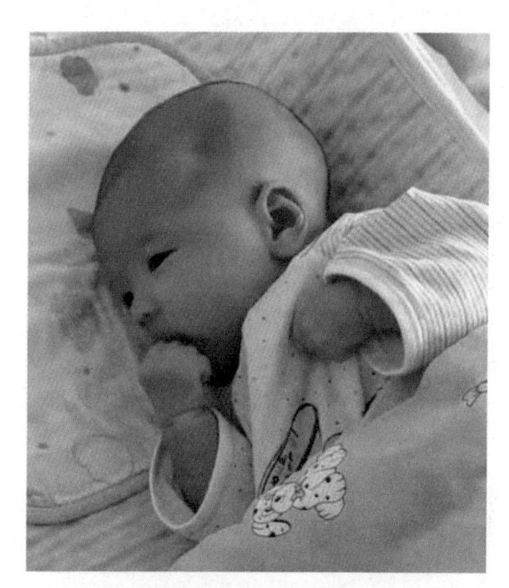
不要制止宝宝吃手的行为

物品，通过握东西，促使手的张开，进行触摸刺激。

○ 此阶段的宝宝喜欢吃手，不需要制止，也不要戴手套，让宝宝的手自由活动。3个月时可在中线位引导宝宝双手抱在一起。

3. 认知促进方法

（1）追视

○ 丰富的视觉环境对大脑发育很重要。

○ 宝宝天生最爱看人脸，尤其是妈妈的脸，家长要经常用慈爱的笑脸引导宝宝注视。

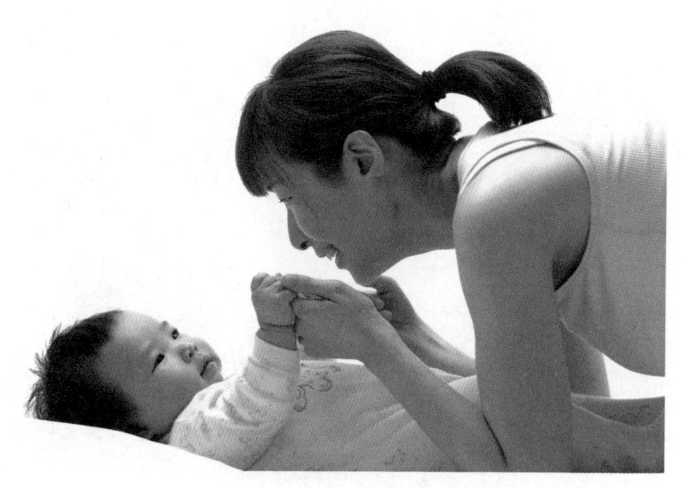
用笑脸引导宝宝注视

○ 还要准备一些鲜艳的玩具和黑白图卡引导宝宝追视。

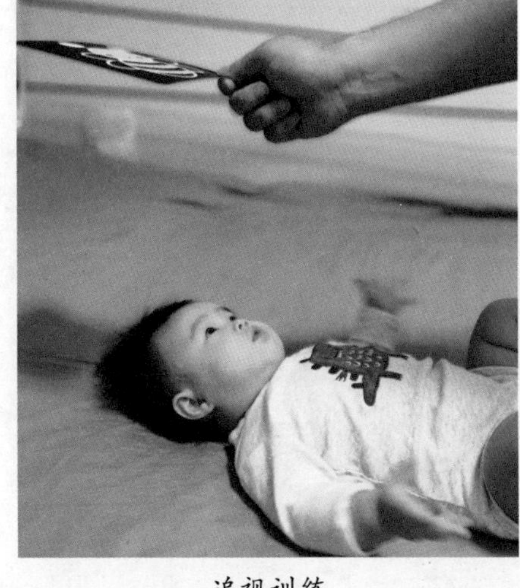
追视训练

○ 注视距离15厘米～25厘米，范围从左右各90°到连续180°，以后还有上下的追视。注意每次练习时间不要太长，宝宝有疲劳表现时，如打瞌睡、不愿看等就要停止。

（2）追听

○ 用不同的说话声音、音乐等引导宝宝追听，并逐渐转头寻找，为语言发育打基础。

○ 用带响声的玩具在不同的方向发声，引导小儿寻找。

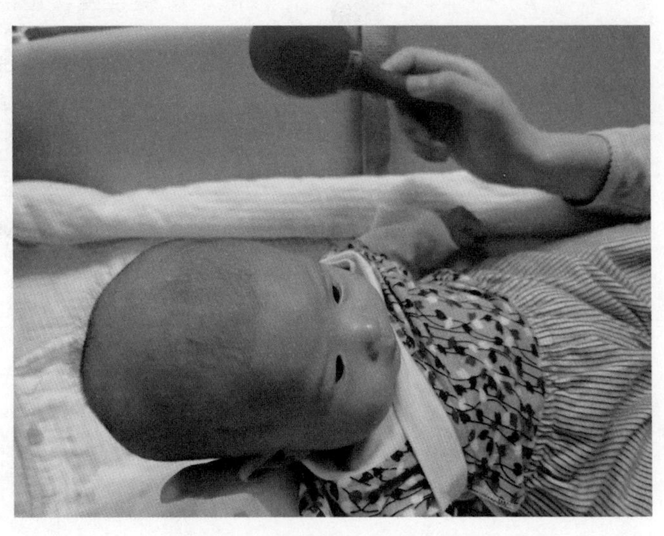
用带声响的玩具引导宝宝追听

○ 玩具发出的声音要悦耳，要选择旋律优美、节奏舒缓的音乐。

○ 如果宝宝正在看东西，可能他对声音就不会产生反应，如果是经常不变的声音，宝宝反应可能也不明显。所以，不能以此轻易判断宝宝听力有问题，而是要观察他对新奇声音的反应。同时，要避免过多的噪声刺激。

4.语言发育促进方法

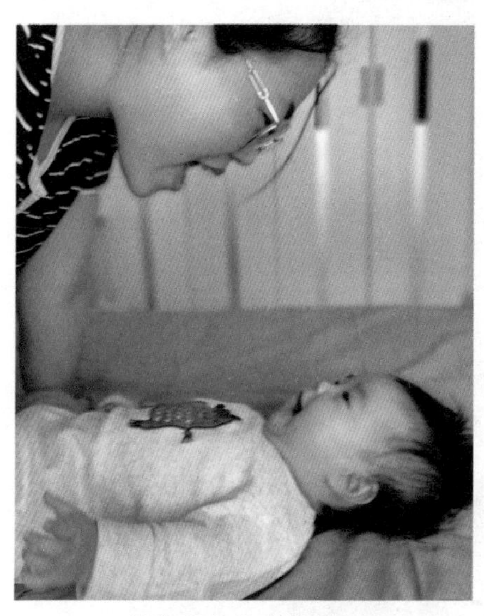

家长要多和宝宝说话

○ 家长要多和宝宝说话，为宝宝提供良好的语言环境。

○ 要把宝宝当成一个懂事的大孩子，经常和他交谈。

○ 在和宝宝说话时要音调较高，速度较慢，短语间要有较长的停顿，这更适合小儿早期听觉的特点。

○ 与2个多月的宝宝说话时，如果他发出类似应答的声音，家长应停顿倾听，然后回应他的发音，让宝宝参与到“交谈”中。

5.生活与交往促进方法

○ 养育中要多与宝宝对视，进行眼神交流。

○ 家长要注意观察和了解宝宝的特点，逐渐培养生活规律。

○ 要注意分辨宝宝不同情况下的哭声，合理地回应和满足他们的需求，增进他们的安全感和信任感，促进亲子依恋关系的建立。

○ 这个年龄段的宝宝可多搂抱他，不是哭了才抱，经常用语言和触觉安慰宝宝，可使他们保持愉快的情绪。

喂养建议

○ 1~3个月的宝宝最好的食物就是母乳，妈妈一定要坚持纯母乳喂养，而且一定要亲喂，宝宝吸吮乳头次数越多，越可促进乳汁的分泌。此时是按需喂养，每天吃奶次数可达8~10次，随着月龄的增长，宝宝吃奶的时间会逐渐规律，通常3小时左右吃一次，夜间根据宝宝的睡眠可适当延长喂奶时间，但在这个年龄段间隔不要超过4小时。

○ 人工喂养选择一段配方奶粉，可3~4小时喂一次，每次80毫升~120毫升，总奶量500毫升~700毫升。两次奶中间可适当饮白开水，但是不能影响正常的饮奶量。

○ 每日补充维生素D400~800国际单位，维生素A1500国际单位，一定要维生素A和维生素D同补。

重要提示

1.防止吐奶

- 注意吃奶后竖起拍嗝半小时左右。
- 抬高上半身，右侧卧位静卧15～30分钟，
- 如吐奶严重，体重不增，要到医院检查。

2.注意食物过敏或不耐受

如宝宝哭闹严重，腹胀明显或大便不正常，甚至大便带血，要注意食物过敏或不耐受问题，最好找儿童消化内科医生咨询。

3.湿疹

皮肤轻度湿疹注意涂药，以及用清水清洗即可，湿疹严重要寻找过敏原，并看皮肤科医生。

4.发育异常信号

- 宝宝2个月不能竖头。
- 3个月俯卧抬头不能达到45°。
- 对很大声音没有反应。
- 仰卧位时头眼不能水平追视移动玩具达180°。
- 不注视人脸。

○3个月面对面逗引不会笑，没有咿呀发声。

出现以上情况可以咨询婴幼儿行为神经发育专家，通过进一步评估，给出建议。

5.防止窒息、烫伤等意外

○注意睡眠时床不能太软。

○宝宝面前不要有物品。

○趴睡时要有人照看，避免捂住口鼻造成窒息。

○ 给宝宝倒洗澡水一定要先放冷水再加热水，并掌握好温度，防止宝宝皮肤烫伤。

第
6
章

4～6月龄宝宝养育简明指导

生理发育指标

年龄	性别	体重（千克）	身长（厘米）	头围（厘米）
4月	男	7.45（5.91 ~ 9.32）	64.6（60.1 ~ 69.3）	41.7（39.2 ~ 44.5）
	女	6.83（5.48 ~ 8.59）	63.1（58.8 ~ 67.7）	40.7（38.3 ~ 43.3）
5月	男	8.00（6.36 ~ 9.99）	66.7（62.1 ~ 71.5）	42.7（40.2 ~ 45.5）
	女	7.36（5.92 ~ 9.23）	65.2（60.8 ~ 69.8）	41.6（39.2 ~ 44.3）
6月	男	8.41 (6.70 ~ 10.50)	68.4（63.7 ~ 73.3）	43.6（41.0 ~ 46.3）
	女	7.77（6.26 ~ 9.73）	66.8（62.3 ~ 71.5）	42.4（40.0 ~ 45.1）

神经行为发育水平

○这个年龄段的宝宝已经可以自主翻身。

○宝宝可以前倾坐和靠坐，一些宝宝6个月可以独坐，扶立位时有欲跳跃的动作。

○宝宝喜欢双手抱在一起，双脚也喜欢对在一起玩。

○宝宝双手均可伸手够物并逐渐定位准确，可在身体中线位抓物。有的宝宝6个月可以对物品进行倒手操作。

○宝宝对物体越来越感兴趣，可观察周围的各种事物，并能追随移动的物体。

○宝宝开始熟悉家里的人，喜欢玩逗笑游戏。能发出更多的单音节，6个月时有的宝宝已经可以发“baba”“bu”“da”等音节。

○ 有的宝宝已开始认生，家长会觉得宝宝懂事了。

早期发展促进方法

1.大运动促进方法

（1）翻身

○ 经常把玩具放在宝宝的斜上方，引导他去够取，要锻炼他的主动翻身意识，不要一开始就帮助他翻身。

○ 在宝宝有了翻身意识但不能完成时，可轻推肩背或髋部帮助他，使他学会如何用力。

○ 在宝宝能够自如地翻身后，再引导他连续翻身和往回翻身。

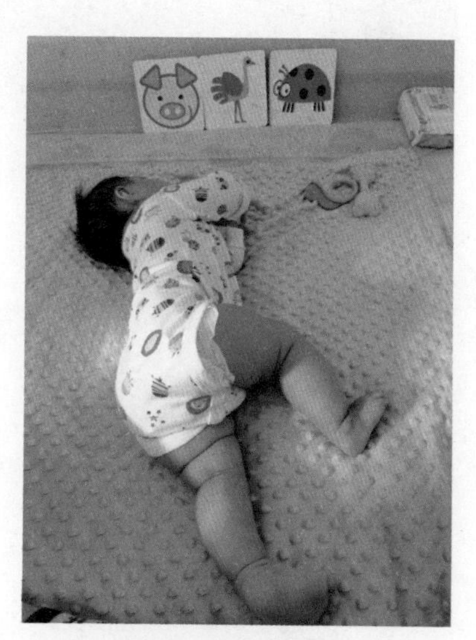

训练宝宝够物翻身

（2）靠坐

○ 宝宝经过一段时间拉坐后，可拉家长的手自己用力坐起，此时将他的手放在前方，他可以自己支撑，前倾着坐一会儿。家长不需要强化这种姿势。

○ 在有了前倾坐的能力后，可以锻炼宝宝背靠着东西直坐一会儿。

经过前倾坐训练后宝宝可靠坐片刻

靠坐熟练后可以独坐了

○ 练习靠坐一段时间后可逐渐减去后面的支撑，锻炼宝宝独坐。有些宝宝6个月可短暂独坐。

（3）跳跃

○ 可双手扶着宝宝的腋下，让宝宝在家长的腿上或床面上跳跃，此时是在宝宝有了屈和起的意识下随着他的动作做跳跃活动。

○ 此时宝宝足部是否放平没有关系。

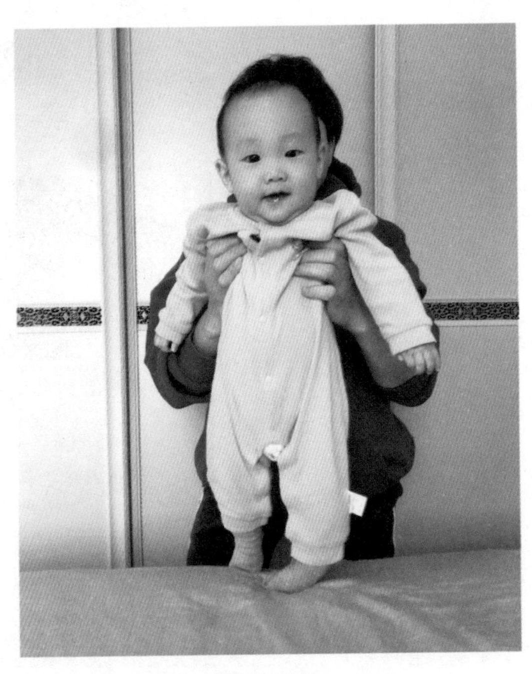

跳跃训练

2.精细动作促进方法

（1）准确抓握

○ 可在卧位、抱坐或靠坐位时，在宝宝面前递或放各种玩具和物品，引导宝宝主动够取。玩具要选宝宝感兴趣的，位置由近逐渐变远，物品从大到小，引导宝宝主动地、用不同的手去抓取，并能够握着玩一会儿。

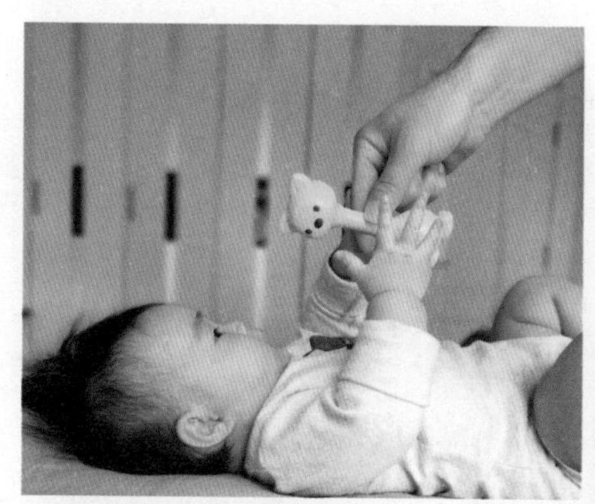

宝宝卧位时递玩具让他双手抓握

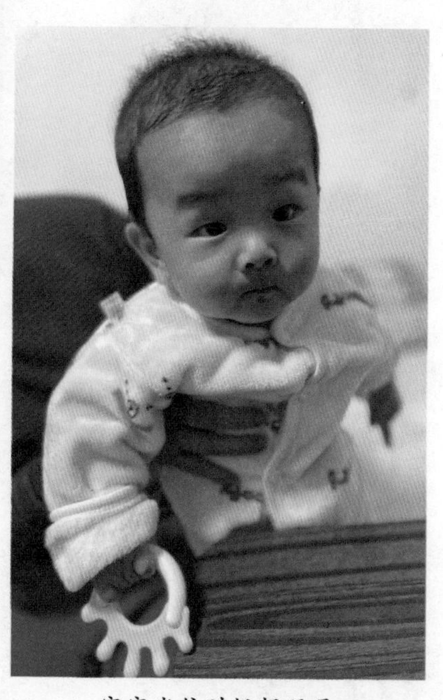

宝宝坐位时抓握玩具

宝宝卧位时递玩具让他单手抓握

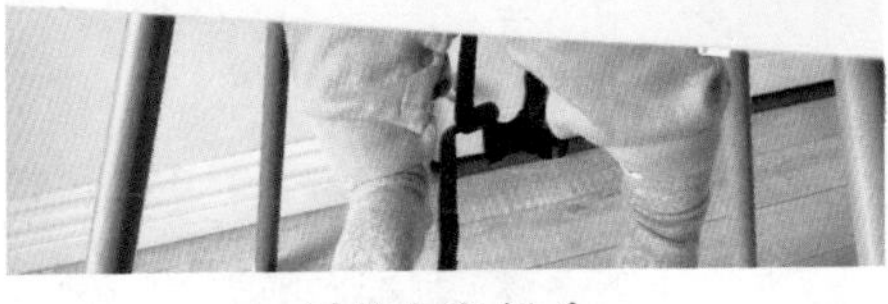

训练宝宝倒手

（2）玩具倒手

○ 在宝宝双手都能够直接抓取玩具后，可在宝宝一手握着一个物品后，再向这只手递去另一个物品，让宝宝自己将手中的物品递到另一只手后再抓这个物品。

（3）摆弄玩具

○ 婴儿拿到玩具后，教他摇或敲打小玩具，使玩具出声。

宝宝俯卧位时引导他注视玩具

3.认知促进方法

（1）注视

○ 要丰富宝宝的视物环境，无论宝宝是卧位，还是抱立位，均可在他看得见的地方引导他注视不同颜色、不同大小、不同形状的物品。

○ 引导宝宝注意一些活动的物品，例如，移动的车子、飞行的动物、滚动的球和掉落的东西。通过这种做法引导宝宝视线的追视和观察事物的兴趣。

（2）互动交流

○ 抱宝宝去户外，指着飞行的鸟和活动的狗让宝宝看。

○ 告诉宝宝不同颜色的衣物和玩具。

○ 在宝宝视线外，呼唤宝宝的名字，让他转头寻找。

引导宝宝注视滚动的球

4．语言发育促进方法

（1）对话

○ 任何时候都可以多跟宝宝对话，不管他是否听懂，如跟宝宝说“宝宝吃奶了”“爸爸回来了”等。在宝宝有发音时，应给予回应，先重复他的发音，再说出一些新的音，比如“噢，你要说话呀”“啊，你跟我打招呼呀”等。

○ 引导宝宝发出各种音，并感受各种语言，既可引起宝宝语言交流的兴趣，又为今后的语言表达做好基

经常和宝宝对话会让他很开心

础储备。

○ 如果经常说一些固定的语音，又与特定的事物联系，6个月的宝宝可以在听到这种熟悉的语音时与相应的事物建立起动作联系，例如，一说“狗狗”就去看小狗。

(2）面对面交流

○ 除了对话外，家长要多与宝宝进行面对面交流，让宝宝注视和记住自己，并对宝宝的需求给予正确的满足，与宝宝建立愉悦的亲子关系。

和宝宝玩藏猫猫游戏

○ 在护理宝宝时先呼唤宝宝的名字，然后给予帮助，使宝宝懂得这是在呼唤自己。

○ 此时还可以玩简单的藏猫猫游戏，即用手盖住脸，让宝宝揭开去找，这样宝宝会逐渐理解妈妈（或其他看护人）是一直存在的。

○ 也可以开始让宝宝照镜子，让他初步认识自己。

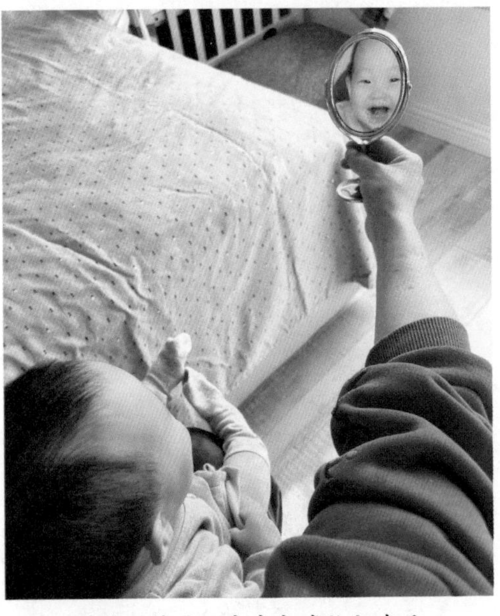

通过照镜子让宝宝初步认识自己

喂养建议

○ 坚持母乳喂养。如果母乳充足，纯母乳喂养至少应坚持到6个月。母乳充足的根据是宝宝每次吃奶时间不超过半小时，每次吃饱后可坚持3小时左右，体重和身长的增长良好，宝宝生活规律，情绪好。

○ 如果母乳不足，可进行配方奶粉的补授。要先吃母乳，促进母乳的分泌，不够的部分再加配方奶粉。

○ 完全配方奶粉喂养的小儿，3～4小时喝一次奶，每次奶量130毫升～150毫升，每日不超过1000毫升。夜间可延长喂奶时间，逐渐断掉夜奶，让宝宝形成良好的睡眠习惯。

○ 如果宝宝奶量比较大，且母乳已不能满足他，或者宝宝在看到成人进食时有很大兴趣，当用小勺触及宝宝的口唇时，宝宝出现张嘴、吮吸等动作，可以在5～6个月时开始尝试添加辅食，但一定不能早于4个月，不能晚于8个月。辅食添加首先吃含铁的米粉（不是蛋黄），从一小勺开始，调成糊状，少量地让宝宝练习舔和咽。家长要注意，让宝宝吃的是米粉糊，而不是吃米汤。此时只是尝试，不能减奶。在宝宝尝试几天没有问题后可加量，还可尝试新的泥糊状食品，如南瓜泥、胡萝卜泥、土豆泥等。要一样一样地试，每样观察3～5天，避免宝宝的肠胃不适应或过敏反应。

○ 每日坚持服用维生素A和维生素D。

重要提示

1.预防缺铁性贫血

宝宝3个月后从母体带来的铁逐渐消耗殆尽，而母乳含铁量较低，因此容易出现贫血。此时要注意铁元素的补充，辅食添加要吃些富含铁的食物，如含铁米粉。如果宝宝常规体检查血常规时血红蛋白小于100mg/L，就需要补充铁剂治疗。具体用法可以咨询儿科医生。

2.预防佝偻病

宝宝此阶段生长较快，晒太阳少，易患佝偻病。如果宝宝睡眠不安、多汗、生长不良，甚至有骨骼变形，应及时看医生。预防佝偻病主要是维生素D要足量服用，症状明显要在医生指导下加大维生素D的用量，要多晒太阳。如果奶量少应适当补充钙，但不是单纯地补钙，而是同时补充维生素D。

3.发育异常信号

- 4个月宝宝俯卧不能抬头。
- 5个月宝宝还不能伸手抓东西。
- 6个月还不会翻身。
- 不喜欢与人逗笑、发音。
- 不注视人脸。

出现以上情况可以咨询婴幼儿行为神经发育专家，通过进一步评估，给出建议。

4.防跌落，避免过度摇晃

宝宝会翻身后一定要注意宝宝的活动，避免高处跌落和碰伤。与宝宝游戏时不要剧烈摇晃和高高抛起，避免脑部的震荡。

第7章

7 ～ 9 月龄宝宝养育简明指导

生理发育指标

月龄	性别	体重（千克）	身长（厘米）	头围（厘米）
7月	男	8.76（6.99 ~ 10.93）	69.8（65.0 ~ 74.8）	44.2（41.7 ~ 46.9）
	女	8.11（6.55 ~ 10.15）	68.2（63.6 ~ 73.1）	43.1（40.7 ~ 45.7）
8月	男	9.05（7.23 ~ 11.29）	71.2（66.3 ~ 76.3）	44.8（42.2 ~ 47.5）
	女	8.41（6.79 ~ 10.51）	69.6（64.8 ~ 74.7）	43.6（41.2 ~ 46.3）
9月	男	9.33（7.46 ~ 11.64）	72.6（67.6 ~ 77.8）	45.3（42.7 ~ 48.0）
	女	8.69（7.03 ~ 10.86）	71.0（66.1 ~ 76.2）	44.1（41.7 ~ 46.8）

神经行为发育水平

○这个月龄的宝宝独坐得很稳，可以从坐位转向俯卧位。

○开始学习爬行，9个月的宝宝能够比较协调地向前爬行。

○宝宝开始能扶着东西短时间站立。

○宝宝可以自如地将玩具从一只手换到另外一只手，会有意识地去敲打、摇晃玩具。

○宝宝开始用拇指和其他手指配合捏取小东西。9个月的宝宝已经能够用拇指和食指配合，精细地捏取小东西了。

○宝宝会寻找短时消失的东西，能记住熟悉人的脸，开始认生。

○宝宝能看懂人的面部表情。

○9个月的宝宝会看镜子里的自己，意识到自己的存在。

○ 宝宝可以明确地发出“baba”“mama”等音节了。

宝宝听到“灯”会抬头寻找灯

○ 宝宝可以用肢体动作来表示某些语言，比如，一听到“灯”这个词，会抬头去寻找灯，跟他说“欢迎”“再见”等能做出相应的动作。

早期发展促进方法

1.大运动促进方法

（1）坐

宝宝可以坐着玩玩具

○ 多让宝宝坐起来玩玩具。

○ 把玩具放到宝宝前方或侧方稍远处，让宝宝探身去抓，引导宝宝从坐位转换为俯卧位。

利用玩具引导宝宝从坐位转换成俯卧位

(2) 爬

○ 给宝宝提供一个安全、宽敞的空间让宝宝爬行。

○ 在宝宝前面放一个他感兴趣的玩具或者让妈妈在前方逗引，鼓励宝宝向前爬行。

用玩具逗引宝宝爬行

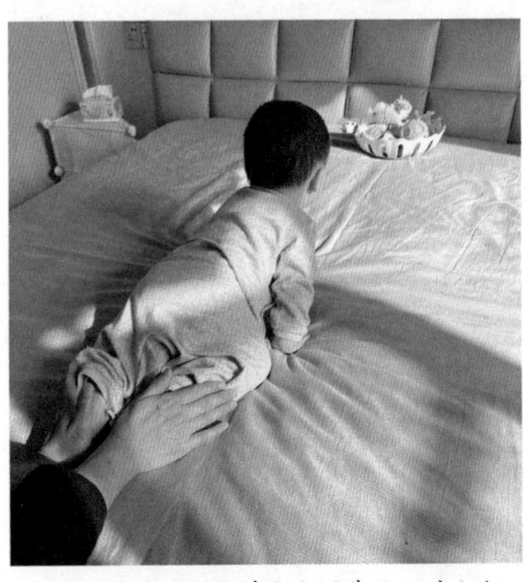

大人可以在后面顶着宝宝的脚协助其爬行

○ 如果宝宝向前爬行较困难，大人可以在后面顶着宝宝的脚，帮助宝宝向前爬行。或者让宝宝趴在一个斜坡上，头冲下，借助重力作用，从上往下爬。

（3）站

○ 给宝宝创造站立的机会。扶着宝宝腋下站一站，或者让宝宝扶着栏杆、沙发等短时站立。

扶着宝宝的腋下让宝宝站立

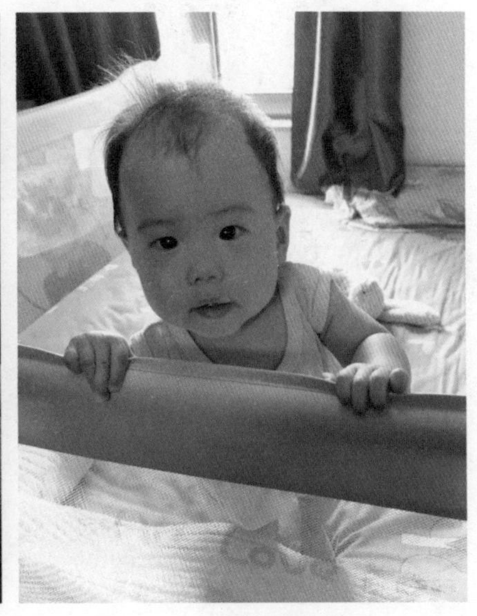

让宝宝扶着栏杆站立

2.精细动作促进方法

○ 提供多种玩法的玩具，提高宝宝手的控制能力以及手眼协调能力，比如敲打的玩具、拔插的玩具、拉拽的玩具等，还可提供小零食让宝宝捏取（宝宝捏取小物品需大人在一旁看护）。

○ 给宝宝更多动手的机会，鼓励宝宝自己抓饭吃。

宝宝可以捏取小的零食

3.认知、语言促进方法

○ 和宝宝玩藏找玩具的游戏。让宝宝看到某一玩具后用手绢或纸巾将其盖住，然后让宝宝寻找。还可以将玩具藏入容器，再让宝宝寻找。

用纸盖住玩具让宝宝寻找

○ 玩藏猫猫游戏。妈妈藏之前告诉宝宝，妈妈一会儿就出现，然后跟宝宝再见，再藏起来，一会儿出现，让宝宝知道妈妈不会消失，缓解分离焦虑，同时教会宝宝“再见”的意思。这样多次玩耍，宝宝会不断增强记忆力，逐渐认识到物体和人不会消失。

○ 积极回应宝宝的发音，比如发“baba”音的时候，告诉他，我就是“爸爸”。每次都这么做，逐渐让宝宝把“baba”音跟“爸爸”联系起来。

○ 玩语言动作联系的游戏，比如“灯在哪儿”游戏、顶牛牛游戏、虫虫飞游戏等。

○ 带着宝宝照镜子，在镜子前可以做各种表情变化或动作，吸引宝宝学着观察自己。

○ 经常给宝宝听听音乐，抱着宝宝按音乐的节奏舞动着玩。

○ 带宝宝去外面玩，接触不同的人和环境。

喂养建议

这个阶段应该逐渐添加更多的食物种类，包括肉类、蛋类、鱼类等动物性食物和豆制品。辅食要一样一样地添加，每一样食物从少量开始添加，逐渐加量，要注意宝宝有没有过敏反应。引入食物应该以当地食物为基础，注意食物的质地、营养价值、卫生状况、制作方法的多样性，等等。

7 ~ 9月龄饮食指导

食物性状	末状食物
餐次	4 ~ 5次奶，1 ~ 2餐其他食物
乳类	母乳，部分母乳或配方奶；4 ~ 5次/天，奶量800毫升/日
谷类	含铁米粉、稠粥或面条，每日30克 ~ 50克
蔬菜水果类	每日碎菜25克 ~ 50克，水果20克 ~ 30克
肉类	开始添加肉泥、肝泥、动物血等动物性食物
蛋类	开始添加蛋黄，每日自1/4个逐渐增加至1个（7个月以下的宝宝不适合吃全蛋）
喂养技术	可坐在儿童餐椅上与成人一起进餐；开始学习用手自我喂食，可让宝宝手拿条状或指状食物，练习咀嚼

重要提示

1.发育异常信号

- 听到声音无应答。
- 不会区分生人和熟人。
- 双手间不会传递物品。
- 不会独坐。

出现以上情况可以咨询婴幼儿行为神经发育专家，通过进一步评估，给出建议。

2.安全提示

○ 防止摔下。尽量在地垫上活动，不要让宝宝一个人独处。

○ 防止烫伤。靠近宝宝或抱宝宝时不要携带热食、热饮。不要把热食、热饮放在桌子或柜台边缘，桌上不要铺桌布。不要让宝宝进厨房。

○ 防止溺水。不要让宝宝单独待在浴室或盛水的容器旁边，如水池、洗澡盆等。

○ 防止中毒和窒息。在宝宝活动区域不要遗留小物品；所有药品和清洁产品应放到宝宝接触不到的地方。

○ 防止磕碰。家具、抽屉、门等地方安装防撞、防夹装置。

第 8 章

10 ～ 12 月龄宝宝养育简明指导

生理发育指标

月龄	性别	体重（千克）	身长（厘米）	头围（厘米）
10月	男	9.58（7.67 ~ 11.95）	74.0（68.9 ~ 79.3）	45.7（43.1 ~ 48.4）
	女	8.94（7.23 ~ 11.16）	72.4（67.3 ~ 77.7）	44.5（42.1 ~ 47.2）
11月	男	9.83（7.87 ~ 12.26）	75.3（70.1 ~ 80.8）	46.1（43.5 ~ 48.8）
	女	9.18（7.43 ~ 11.46）	73.7（68.6 ~ 79.2）	44.9（42.4 ~ 47.5）
12月	男	10.05（8.06 ~ 12.54）	76.5（71.2 ~ 82.1）	46.4（43.8 ~ 49.1）
	女	9.40（7.61 ~ 11.73）	75.0（69.7 ~ 80.5）	45.1（42.7 ~ 47.8）

神经行为发育水平

○可以自如地手膝爬。

○开始学习站立行走，一开始能扶着栏杆迈步，扶着栏杆或牵着一只手能蹲下和站起来。慢慢学会独站，有的能独走几步。

○用拇指和食指捏取小物品更加精准、灵活。

○可以将物品放入容器，能盖上或打开盖子。

○会用手握住笔涂涂点点。

○能听懂较多的话，会用声调的变化表达需求。

○能模仿说单字，模仿动物叫，模仿大人做家务。

○有意识地叫爸爸妈妈。

○认识家中一些常见的物品以及家人，会用手指人或物。

○懂得“不”的意思。

○开始拿勺子自己吃饭，用水杯喝水，学会自己吃东西，会配合穿衣服。

开始学着用水杯喝水

早期发展促进方法

1.大运动促进方法

○把玩具放到大的茶几上，让宝宝站着玩玩具，并且扶着茶几迈步，够取远处的玩具。

宝宝扶着茶几玩玩具

可以扶着物体慢慢蹲下

○ 在茶几下面放几个玩具，让宝宝扶着茶几慢慢蹲下或坐下去取玩具。

○ 户外活动的时候，扶着宝宝腋下或牵着宝宝的手迈步。

○ 多给宝宝自己运动的机会，不要总是抱着宝宝。

在户外扶着宝宝迈步

2.精细动作促进方法

○ 准备拔插积木、小汽车、不倒翁、布娃娃、塑料小饭碗、小勺、小盘、小瓶子、小桶和小篮子等玩具让宝宝摆弄。

宝宝在玩拔插玩具

○ 专门腾出下层的一个抽屉，把宝宝的玩具放到抽屉里，让宝宝自己开关抽屉，拿出、放入玩具（注意做好防夹准备）。

宝宝自己开关抽屉并拿东西

○ 家长跟宝宝一起玩玩具的过程中要多跟宝宝互动，告诉宝宝他正在做什么，他拿到的是什么。当宝宝面对新玩具不会玩时，家长可以示范玩法，让宝宝模仿。

妈妈和宝宝一起搭积木

宝宝自己“动手”吃饭

○ 生活中很多东西都可以让宝宝玩，不局限于玩具。可以让宝宝捻标签、捏拉链、捡小绳等。

○ 吃饭的时候让宝宝自己抓饭、抓菜，菜可以做成各种形状，如星星造型、丁状、片状、三角形等，这样宝宝会觉得比较新奇，有助于对吃饭产生兴趣。

3.认知、语言促进方法

○ 多跟宝宝进行语言的交流活动，做什么、看到什么都跟宝宝说。比如，宝宝在玩摇铃，就告诉他这是摇铃；宝宝看到胡萝卜卡片时，告诉他这是胡萝卜，并给他一个真的胡萝卜，让他摸一摸。

○ 带宝宝去商场、超市，教他认识各种商品。

○ 跟宝宝玩各种指认游戏，比如，妈妈藏起来，问妈妈在哪儿？等妈妈出来时，指着自己说："妈妈在这儿。"在宝宝眼前把玩具盖上，问："玩具在哪儿？"然后揭开，指着玩具说："玩具在这儿。"还可以拿卡片让宝宝指认。

○ 玩模仿动物叫声的游戏。

○ 宝宝有需求时，不要立刻满足，应该鼓励宝宝模仿发音后再满足。

宝宝在认冰箱上的小贴画

和宝宝玩指认图片的游戏

宝宝自己在看布书

○ 每天要留出一定时间和宝宝一起看图画书，让他翻到自己感兴趣的书页，一面看一面讲。

○ 给宝宝看的书的字号应当大一些，画像要大，图画要清楚，色彩要鲜艳，每一页的内容不要太多，语言要简短生动、多次出现，便于模仿。

○ 如果家里人讲两种语言（如外语或地方语），家长不用担心孩子会被两种语言扰乱。孩子如果从很小的时候就开始接触两种语言，特别是经常听到两种语言，他们可以同时学会两种，这是孩子受益一生的技能。

4.独立能力培养

鼓励宝宝自己吃饭

○ 鼓励宝宝自己吃饭，教他自己用小勺吃东西。开始时，家长可以辅助完成，慢慢让宝宝独立完成。如果宝宝自己吃饭吃不饱，家长可以同时用另一个勺子喂他吃饭。

○ 鼓励宝宝做更多事情，比如，让宝宝自己端杯子喝水，自己戴帽子等。

还可以采用游戏的方式，让宝宝学习主动配合穿衣，如穿袖子时说："宝宝把小手从小船里伸出来。"穿裤子时说："让小脚丫从山洞中钻出来。"

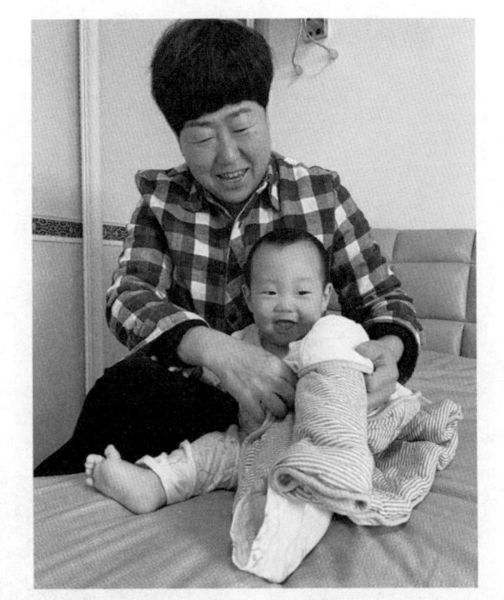
宝宝配合大人穿衣服

5.良好的社交行为培养

○ 有良好的行为习惯、懂规则，在宝宝的社会化成长中非常重要。而在这个阶段，自然地进行好的行为习惯的培养，约束不应有的行为是较容易的，比如要定时、定点专心吃饭，不能一边玩一边吃，不能打人、咬人等。

○ 对于好的行为要积极奖赏，比如夸奖、微笑回应、亲吻等，而对不好的行为要采取忽视的态度或果断终止。

○ 成人要注意自己的言行，给宝宝树立好的榜样。增加户外活动的机会，让宝宝观察大自然，并有机会跟同伴玩耍。

喂养建议

此阶段可给予婴儿碎块状、丁块状、指状食物，添加动物肝脏、动物血、鱼、虾、禽畜肉等。婴儿可学习自己用勺进食。

10 ~ 12 月龄饮食指导

食物性状	碎块状、丁块状、指状食物
餐次	2 ~ 3 次奶，2 ~ 3 餐其他食物
乳类	部分母乳或配方奶；2 ~ 3 次 / 天，奶量 600 毫升 / 日 ~ 800 毫升 / 日
谷类	软饭或面食，每日 50 克 ~ 75 克
蔬菜水果类	碎菜每日 50 克 ~ 100 克，水果 50 克
肉类	添加动物肝脏、动物血、鱼、虾、禽畜肉等，每日 25 克 ~ 50 克
蛋类	1 个鸡蛋
喂养技术	学习自己用勺进食；用杯子喝奶；每日和成人同桌进餐 1 ~ 2 次

重要提示

1.发育异常信号

○ 叫宝宝的名字没反应。

○ 不会模仿“再见”或“欢迎”动作。

○ 不会用拇指和食指对捏小物品。

○ 不会扶物站立。

出现以上情况可以咨询婴幼儿行为神经发育专家，通过进一步评估，给出建议。

2.安全提示

○ 防止摔伤。尽量在地垫上活动，不要让宝宝一个人独处。可以给宝宝戴上保护头盔、背上保护背包等。

○ 防止烫伤。靠近宝宝或抱宝宝时不要携带热食、热饮。不要把热食、热饮放在桌子或柜台边缘，桌上不要铺桌布。不要让宝宝进厨房。

○ 防止溺水。不要让宝宝单独待在浴室或盛水的容器旁边，如水池、洗澡盆等。

○ 防止中毒和窒息。在宝宝活动区域不要遗留小物品；所有药品和清洁产品放到宝宝接触不到的地方。

○ 防止磕碰。家具、抽屉、门等地方安装防撞、防夹装置。

第9章

13 ～ 18 月龄宝宝养育简明指导

生理发育指标

月龄	性别	体重（千克）	身长（厘米）	头围（厘米）
15月	男	10.68(8.57 ~ 13.32)	79.8（74.0 ~ 85.8)	47.0（44.5 ~ 49.7)
	女	10.02(8.12 ~ 12.50)	78.5（72.9 ~ 84.3)	45.8（43.4 ~ 48.5)
18月	男	11.29(9.07 ~ 14.09)	82.7（76.6 ~ 89.1)	47.6（45.0 ~ 50.2)
	女	10.65(8.63 ~ 13.29)	81.5（75.6 ~ 87.7)	46.4（43.9 ~ 49.1)

神经行为发育水平

○ 逐渐可以稳健地走路，可以自己蹲下再起来，开始尝试跑。

○ 会模仿拧瓶盖。

开始尝试跑

○ 能堆叠4～6块积木。

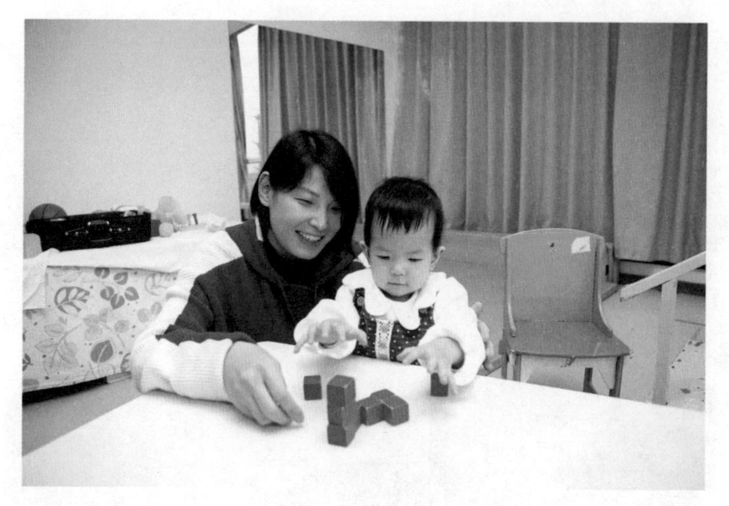

可以自己搭几块积木

○ 会拿着笔乱涂乱画，模仿画道道。

○ 会指认五官。

○ 会翻书。

○ 开始有意识地说话，能听懂简单的指令，初步理解日常生活用语。

可以自己翻书

○ 可以比较熟练地拿勺子吃饭，可以用杯子喝水，会自己脱袜子，有意识表示大小便。

○ 这个阶段的孩子进入依恋高峰期，会主动亲近亲密的看护人，对陌生人产生强烈的焦虑与排斥情绪。

早期发展促进方法

1. 大运动促进方法

○ 鼓励宝宝自己走，并想办法增加和变换走的趣味性，比如，可以利用牵线的玩具引导宝宝走路，或者让宝宝与爸爸妈妈传递物品，增加宝宝走路的机会。

让宝宝给妈妈递玩具，引导宝宝走路

○ 引导宝宝上下台阶、上坡和下坡，这都是宝宝喜欢的活动。但下台阶、下坡一定要拉着、牵着宝宝走，以免宝宝控制不住身体惯性，冲力太大而摔倒。

宝宝可以自己下台阶了

○ 带宝宝出门时和宝宝约定他能够接受的路程小目标，鼓励宝宝自己走到目标点，然后再坐推车或者让家长抱着。

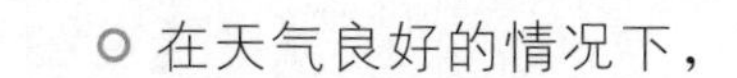

○ 在天气良好的情况下，尽可能多带宝宝在户外活动，可以带宝宝到小区或游乐场滑滑梯、荡秋千、骑扭扭车、攀爬攀登架、玩皮球、跑步等。

宝宝很喜欢玩滑梯

○ 不要总是抱着宝宝或者让宝宝坐在婴儿推车上。

○ 一定要给宝宝穿软硬度和长度都适合的鞋子，既保护脚，又有利于行走。

○ 宝宝开始学步的时候和正常走路姿势很不一样，不会向前迈大步，而是两条腿分得很开，两脚呈外八字，走的时候身体还会跟着晃来晃去。家长不用担心宝宝走路姿势不好看。两脚呈外八字（少数呈内八字），练习一段时间后走路姿势会自然正常起来。

2.精细动作促进方法

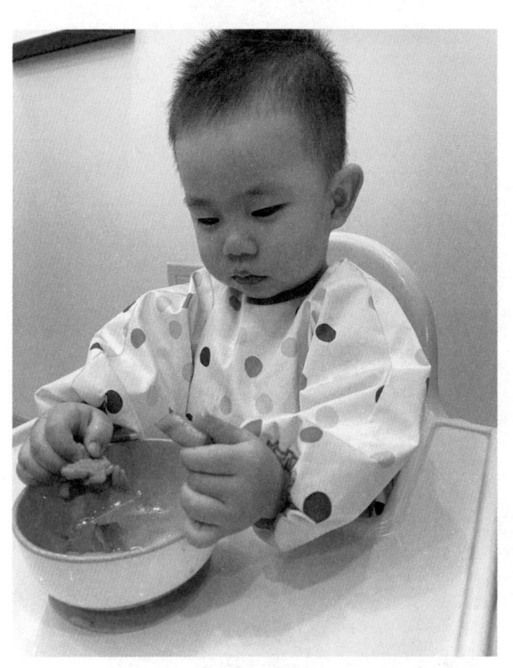

宝宝自己捏食物吃

○ 准备入嘴可融化、安全无害的食物给宝宝捏取。比如，将溶豆、大米饭等，一粒一粒分散着放在餐盘中让宝宝捏着吃。餐盘颜色与食物颜色要区分明显。

○ 在安全的前提下，各种日常生活物品都可以作为宝宝的玩具。

○ 多带宝宝到户外活动，与大自然亲密接触，满足他玩沙、玩水的愿望。宝宝可以在玩沙游戏中练习使用铲子以及做挖、舀、筛、拍、灌等多种动作，还可以和大人一起玩，用模具扣压简单的物品形象。

宝宝喜欢用铲子挖沙子

○ 图画书，各种颜色的画笔，大小、形状、颜色不同的积木，镶嵌板都是这个阶段很好的玩具。例如，让宝宝自己翻书看，拿着画笔乱涂乱画，模仿大人搭建积木，把不同形状的积木投放到相应的孔洞中，匹配镶嵌板，等等。

开始拿笔乱涂乱画

在上述活动中，家长不要一开始就示范，让宝宝先自己思考尝试，如果宝宝确实不能顺利完成，家长再示范，让宝宝观察模仿。

宝宝在“钓鱼”

3.认知、语言促进方法

○ 积极回应宝宝，把宝宝当作成人一样交流，不要说儿语，比如，应对宝宝说“看，汽车来了”，不要说“看，车车来了”。

○ 跟宝宝说话时语速应慢一点儿，发音清楚一点儿，且有停顿、重复，让宝宝有反应的时间。

○ 每天跟宝宝聊天，尽量拓展宝宝的词汇量，帮助他学习用语言描述自己的心情，比如高兴、害怕等。

给宝宝讲故事

○ 给宝宝讲故事、读绘本、唱儿歌。

○ 如果会说外语，可以在家中用外语和宝宝交流，使宝宝有机会受到外语的熏陶。

4.独立能力培养

○ 坚持让宝宝自己用勺吃饭、用杯子喝水，教宝宝想大小便时要及时告诉家长。

○ 鼓励宝宝做力所能及的事情，比如自己脱袜子，穿鞋和脱鞋的时候自己撕开、粘上鞋子的粘扣。外出的时候让宝宝检查自己的东西，自己拿着自己的小玩具。

宝宝自己喝水

宝宝自己穿鞋

○鼓励宝宝摔跤后自己爬起来。

○带着宝宝进行收纳，逐渐让他学会物归原处。

5.良好社交行为培养

○跟宝宝玩亲子游戏，比如“骑大马”“拉大锯、扯大锯”等，让宝宝感受到家长的爱。

○带宝宝去户外跟小朋友玩，教他打招呼表示友好，教他学会分享，但不要强迫宝宝分享；教他学会排队、等待，公共玩具要轮流玩等。

○宝宝发脾气的时候要了解原因，对于宝宝合理的需求尽量满

喜欢打电话的宝宝

足，不合理的要求要坚持原则，对宝宝的无理取闹采取忽视的态度或果断制止。

○ 玩象征性游戏，比如打电话、看医生等。

喂养建议

膳食品种多样化，营养均衡，避免吃油炸食品，少吃快餐，少喝甜饮料，餐间控制零食。允许宝宝决定进食量，规律进餐，让宝宝体验饥饿感和饱足感。

13 ~ 18 月龄饮食指导

食物性状	体积适宜、质地稍软、少盐、易消化的家常食物
餐次	主食为一日三餐，乳类与营养点心 2 ~ 3 次
乳类	部分母乳或配方奶；1 ~ 2 次 / 日，奶量 350 毫升 / 日 ~ 500 毫升 / 日
谷类	米饭或面食，每日 100 克 ~ 150 克
蔬菜水果类	每日蔬菜 150 克 ~ 200 克，水果 150 克 ~ 200 克
肉类	动物性食物每日 50 克
蛋类	1 个鸡蛋
喂养技术	和成人同桌自主进餐

重要提示

1.发育异常信号

○ 不会有意识地叫“爸爸”和“妈妈”。

○ 不会按指令指人或物。

○ 与人无目光对视。

○ 不会独走。

出现以上情况可以咨询婴幼儿行为神经发育专家，通过进一步评估，给出建议。

2.安全提示

○ 宝宝行走、跑动时，手中不可握着坚硬、锋利的玩具或物品，以防跌倒时造成伤害。

○ 防止烫伤。靠近宝宝或抱宝宝时不要携带热食、热饮。不要把热食、热饮放在桌子或柜台边缘，桌上不要铺桌布。不要让宝宝进厨房。

○ 防止溺水。不要让宝宝单独待在浴室或盛水的容器旁，如水池、洗澡盆等。

○ 防止中毒和窒息。在宝宝活动区域不要遗留小物品；所有药品和清洁产品放到宝宝接触不到的地方。吃饭时不要逗弄宝宝，防止食物卡喉。

○ 防止磕碰。家具、抽屉、门等地方安装防撞、防夹装置。

第 10 章

19 ~ 24 月龄宝宝养育简明指导

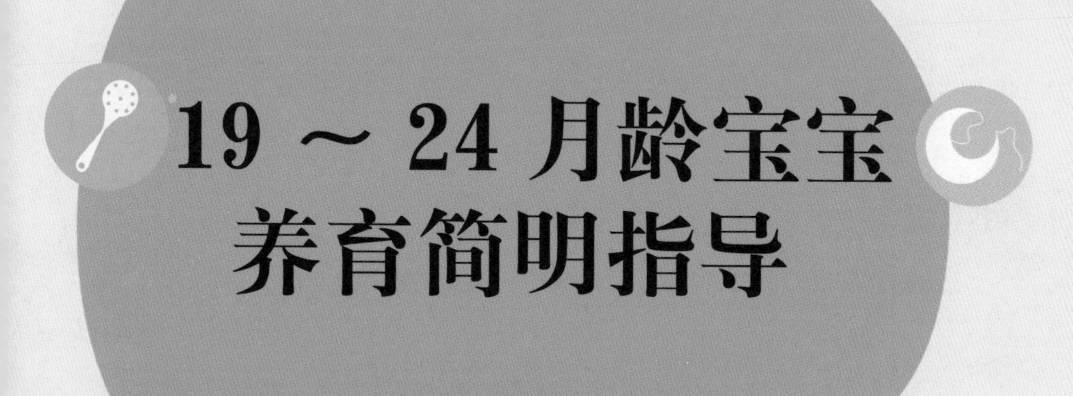

生理发育指标

月龄	性别	体重（千克）	身长（厘米）	头围（厘米）
21月	男	11.93 (9.59 ~ 14.90)	85.6 (79.1 ~ 92.4)	48.0 (45.5 ~ 50.7)
	女	11.30 (9.15 ~ 14.12)	84.4 (78.1 ~ 91.1)	46.9 (44.4 ~ 49.6)
24月	男	12.54 (10.09 ~ 15.67)	88.5 (81.6 ~ 95.8)	48.4 (45.9 ~ 51.1)
	女	11.92 (9.64 ~ 14.92)	87.2 (80.5 ~ 94.3)	47.3 (44.8 ~ 50.0)

神经行为发育水平

○ 1岁半以后，宝宝走得很稳了，开始跑跑跳跳，能自己扶着墙上下楼梯了，实现了活动的自主。

○ 宝宝手的操作能力也得到了很大的提升，会倒物，会用勺子舀东西，能堆叠6～9块积木，开始涂鸦。

○ 宝宝喜欢模仿别人，喜欢玩假想游戏，比如，抓起一块积木假装是电话，打给妈妈，口中念念有词，拿起自己的小奶瓶假装给娃娃喂奶，等等。

○ 宝宝的语言理解及表达能力迅速发展，能理解日常生活用语和简单的成人要求，词汇量逐渐增多，开始说短句子。2岁宝宝会说儿歌了，喜欢问“这是什么”。

○ 宝宝的生活节律慢慢接近成人，生活自理能力逐渐发展，会用勺子吃饭，能表达如厕需求，初步学会控制大小便。

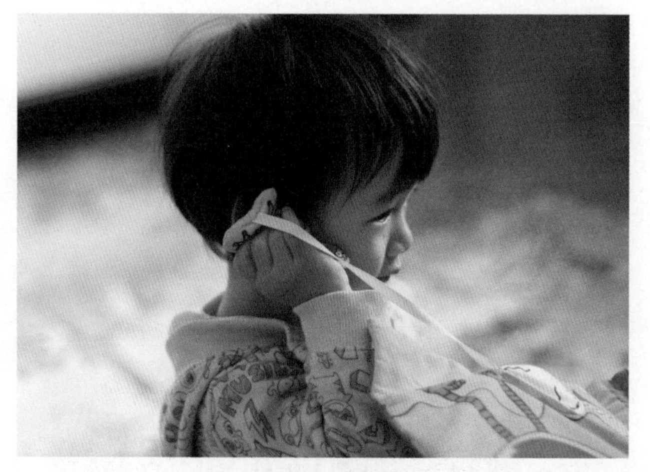

玩假想游戏

○ 宝宝开始主动跟家人以外的人进行接触和交往，有固定的玩伴。

○ 自我意识及秩序感逐渐增强，开始表现出固执、反叛的行为，比如爱发脾气，喜欢唱反调，坚持穿同一双鞋，坚持走同一条路线，反复看同一本书，反复听同一个故事，等等。

和小伙伴交往

早期发展促进方法

1.大运动促进方法

○ 多参加户外活动，让宝宝跟小伙伴追逐奔跑，以及踢球、骑扭扭车、玩滑板车、骑脚踏车等。

宝宝在户外“开车”

○ 带宝宝去游乐场，让宝宝滑滑梯、攀爬、荡秋千等。

宝宝在游乐场攀爬

○有楼梯的地方尽量牵着宝宝上下楼梯。

牵着宝宝上楼梯

2.精细动作促进方法

○带着宝宝一起搭积木、玩拼图、涂鸦、填色等。

和宝宝一起涂鸦

○ 为宝宝提供玩法更复杂的玩具，比如需要拧发条的玩具、回力车、陀螺、按键玩具、简单的乐器等。

宝宝在玩乐器

○带宝宝出去玩沙、玩水、修建沙堡等。

带宝宝玩水

3.认知、语言促进方法

○ 多跟宝宝对话聊天，遇到需要宝宝做决定的事情时，多跟宝宝商量，可以提供一两个选项让宝宝自由选择。宝宝会很享受自己掌控决定权的感觉，并且会努力思考每一件事。

○ 当宝宝提问时，要认真、耐心地回答，切不可敷衍。宝宝也许会重复问同一个问题很多遍，家长一定要不厌其烦地回答他，不要表现出不耐烦或者训斥宝宝。

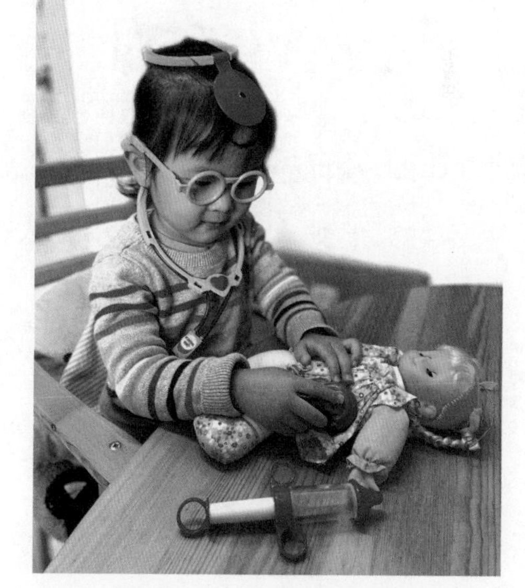

宝宝玩医生看病的假想游戏

○ 每天给宝宝讲故事、唱儿歌，跟宝宝一起看书，要经常陪宝宝一起玩过家家、医生看病等假想游戏。

○ 父母如果会说外语，也可以在家中与宝宝进行外语交流，创设多语言环境。

4.独立能力培养

鼓励宝宝做家务

○ 日常家务性的事情不仅能提高宝宝的操作能力，也能提高宝宝的自信心，家长要相信自己的宝宝，并鼓励宝宝做力所能力的事情。比如，鼓励宝宝自己剥香蕉、橘子等，教宝宝自己提裤子，自己拉拉链，给妈妈端一小杯水，玩完玩具自己放回原处，等等。

○ 提醒宝宝检查自己出门需要携带的物品，让宝宝出门背着自己的小包。

○ 鼓励宝宝摔跤后自己爬起来。

○ 允许宝宝有自己的意见，比如，出门前摆出几套合适的衣裤让宝宝自己挑选，拿出几个合适的玩具让宝宝自己选择。

○ 当宝宝坚持自己意见的时候，不要轻易强迫其改变，但可以尝试引导改变。比如，宝宝坚持要穿同一双鞋，可以平时在他面前夸赞另一双鞋，让宝宝逐渐接受新的鞋子。

○ 强调安全意识，比如，不能用手触碰插座，车来了要躲避，外出要跟在家人身边，不要随便吃陌生人给的东西，等等。

5.良好社交行为培养

○ 鼓励宝宝结交小伙伴，教他学习基本的社会规则及游戏规则，比如，主动打招呼、排队滑滑梯、轮流玩玩具、交换玩具玩等。

○ 引导宝宝跟小伙伴玩合作游戏和竞赛游戏，比如，一起挖一个洞，一起堆一个沙堡，互相传球，赛跑，比赛扔球，等等。

○ 表扬宝宝好的行为，注意表扬要具体化，比如，要对宝宝说“宝宝把玩具收好了，真棒”，而不是说“宝宝真棒”。宝宝不好的行为要及时制止，比如，宝宝打人时，要马上把宝宝拉开并且向人道歉，同时中断宝宝的游戏活动，对其进行批评教育。

喂养建议

此阶段宝宝的饮食结构已接近成人，膳食品种应多样化，营养应均衡，避免吃油炸食品，少吃快餐，少喝甜饮料，餐间控制零食。应让宝宝与大人同桌进餐，鼓励宝宝自己吃饭，应定时、定点、定量进食，每次进餐时间为20～30分钟。不能边吃边玩或边吃边看电视。不要强迫喂养、追逐喂养、过度喂养，进餐时不要打骂、训斥宝宝。

宝宝要定时、定点、定量吃饭

重要提示

1.发育异常信号

○不会说3种物品的名称。

○不会按吩咐做简单的事情。

○不会用勺吃饭。

○不会扶栏杆上楼梯。

宝宝出现以上情况可以咨询婴幼儿行为神经发育专家，通过进一步评估，给出建议。

2.良好习惯培养

○宝宝需要保持稳定、有规律的生活作息。

○家中所有的物品需要清洁，摆放整齐、有序。这有利于建立宝宝整洁秩序的行为习惯。

3.安全提示

○宝宝行走、跑动时，手中不可握着坚硬、锋利的玩具或物品，以防跌倒时造成伤害。

○防止烫伤。靠近宝宝或抱宝宝时不要携带热食、热饮。不要把热食、热饮放在桌子或柜台边缘，桌上不要铺桌布。不要让宝宝进厨房。

○ 防止溺水。不要让宝宝单独待在浴室或盛水的容器旁，如水池、洗澡盆等。

○ 防止中毒和窒息。所有药品和清洁产品放到宝宝接触不到的地方。吃饭时不要逗弄宝宝，防止食物卡喉。避免提供容易引起窒息和伤害的食物，如体积较小的圆形糖果、果冻、坚果、口香糖，以及带骨刺的鱼、肉等。

○ 防止磕碰。家具、抽屉、门等地方安装防撞、防夹装置。

○ 不要让孩子独处。出门要做好防范措施，比如，过马路时紧紧抓着孩子的手腕或将其抱起来。

第11章

高危儿的早期干预

早期干预的正确理念

1.早

强调在“生命的早期”和“症状出现的早期”，在出生前后存在高危因素的宝宝，如早产儿，小于胎龄儿，窒息儿，宫内窘迫儿，低血糖儿，达到光疗或换血水平高胆红素血症儿，母亲存在高龄、不良孕产史，等等，就需要在生命的早期积极监测并促进宝宝正常发展。这些都可以有效降低宝宝脑瘫和智力低下的发生率。

2.有目标

根据婴幼儿发育规律设定目标，进行教育和训练活动。

3.适宜

早期干预过程要适宜宝宝的实际能力，避免过度疲劳、过度刺激，否则不利于孩子正常发育。

4.建立安全依恋的亲子关系

对婴幼儿发展最关键的是与抚养者的互动，以及推动他们与抚养者之间建立安全依恋关系。

早期干预主要是结合康复训练的强化性早期教育。需要注意的是，早期干预包括康复，但核心不是康复。识别与利用对脑发育及损伤修复的保护性因素，回避对大脑发育及损伤修复的不利因素是早期干预的核心内容。

大脑发育及损伤修复的保护性因素

- 丰富、温馨、快乐的养育环境。
- 主动引导宝宝产生有动机的活动。
- 安全依恋的亲子关系。
- 积极回应婴幼儿的需求。
- 良好的睡眠质量。
- 建立良好的肠道菌群。

大脑发育及损伤修复的不利因素

1.环境压力

- 不必要的医疗压力，如打针、针灸、电疗带来的治疗压力。
- 母亲焦虑导致的养育压力，如母亲过度焦虑常常导致亲子交流困难。
- 光线、声音、温度、湿度等影响睡眠的环境因素。

2.营养不良

- 喂养困难。
- 早产儿和小于胎龄儿的营养追赶不顺利。

3.其他因素

- 对保护性因素产生不良影响的其他因素，如过度疲劳、过度刺激会影响睡眠质量。

早产儿早期干预的核心要点

1.亲子安全依恋关系的建立

安全依恋关系可以有效缓解父母焦虑，促进早产儿全面发展。如袋鼠方式怀抱、对早产儿需求积极回应、抚触等，均有利于安全依恋关系的建立。

2.袋鼠式护理要点及好处

○ 袋鼠式护理要点：母亲身体倾斜60°～70°，躺在床上或靠在沙发上，宝宝双下肢、双上肢、腹部和面部紧紧贴在妈妈胸前。每天袋鼠抱2小时以上为宜，每次可以坚持1小时以上。

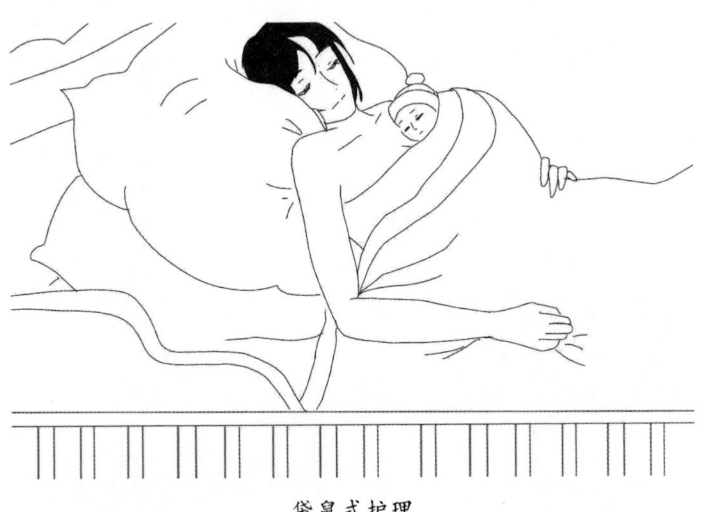

袋鼠式护理

袋鼠式护理

袋鼠抱

○ 袋鼠式护理的好处：皮肤贴皮肤是最好的触觉刺激；是亲子安全依恋关系建立的最好方式；可以提供多种感官刺激。例如，袋鼠抱的时候，妈妈可以和宝宝轻柔地说话，提供声音刺激；妈妈身上的体香、奶香、温暖的怀抱、妈妈的微笑等，都可以给宝宝最适宜的刺激。

3.体位管理：鸟巢的运用

○ 四肢以屈曲为主，防止四肢过于伸展。

○ 四肢趋向身体的中线部位。

○ 手放在口边，自我安慰，可以发展手—嘴协调能力。

○ 促进身体的对称性。

○ 预防不正确的姿势及变形。

4.保证睡眠质量

○ 集中护理，使早产儿有不被打扰的睡眠时段，若发现早产儿疲惫，给予休息时间促进其复原。

○ 提供安静的环境，避免突然使早产儿惊醒。

○ 避免睡眠时光线过强。

○ 在护理前轻柔唤醒或触摸早产儿，使其有准备。

○ 给予任何护理措施时，应观察早产儿反应以避免过度刺激。

○ 观察睡眠周期，早产儿浅睡眠多，为20～30分钟，深睡眠少，为10～20分钟（正常新生儿深睡眠和浅睡眠时间各约30分钟，每个睡眠周期约1小时，早产儿睡眠周期更不规律）。如果早产儿浅睡眠过多，深睡眠过少，或每天睡眠总时间小于15小时，都需要仔细分析原因，常见原因如牛乳蛋白过敏、光线过强、声音过大、护理过于频繁等。也可以咨询婴幼儿行为神经发育专家。

5.了解哭声，及时回应，学会安抚

○ 有的哭声代表饥饿。

○ 有的哭声代表身体不适，如肠胀气。

○ 有的哭声代表环境给宝宝的压力比较大。

○ 有的哭声代表状态转化困难，如瞌睡状态向浅睡眠状态转化中出现困难。

○ 当宝宝总是哭闹，又不能很好解释的时候，要及时请有经验的儿

科医生或婴幼儿行为神经发育专家帮助鉴别。

○ 哭闹时安抚强度从弱到强。

6.营养管理

○ 了解生长发育曲线（见第148～150页），当头围、身高、体重都达到25～50百分位时，就可以停止母乳强化或早产儿奶。

○ 早产儿出生后2周可给予维生素D800～1000国际单位强化3个月。

○ 按2mg/kg/日补充铁元素，维持到1岁。

○ 注意补充益生菌。

○ 注意补充DHA。

○ 注意喂养困难。早产儿喂养困难常见的原因有吸吮—吞咽—呼吸不协调，表现为不能连续吸吮、不能边吸吮边呼吸、胃食管反流、牛乳蛋白过敏等。如果早产儿出现喂养困难，建议咨询有经验的儿科医生或婴幼儿行为神经发育专家，帮助进一步分析原因。

7.视觉追踪

清醒时可以进行对视交流，微笑互动。

8.听觉追踪

可以用温柔的言语声或柔和的“咯咯”声逗引宝宝转头。

9.抚触

抚触是传递爱的过程，要边抚触边和宝宝互动，让宝宝在抚触的过程中感受到舒适，切忌走形式的抚触。

早期干预评估和课程设计

1.早期干预评估

可以参照书中关于0～2岁宝宝不同年龄段正常发育和发育异常信号在家中进行自我评估。当发现落后或异常信号时，建议尽快联系婴幼儿行为神经发育专家给予全面评估和指导。

2.早期干预课程的家庭设计

了解最近发展能区：参照前面章节中有关孩子生长发育的内容，通过观察了解宝宝目前的能力水平。

从最基础未达标的能力开始：按照宝宝的能力水平，参照前面章节中同水平宝宝的促进方法开始练习。

保证训练的强度：从宝宝的现有能力水平逐步增加频次和单位时间训练强度，才能达到追赶同龄宝宝能力的效果。一般每天训练时间大于2小时。

专业人员视频跟踪指导：当宝宝落后同龄宝宝超过2个月，可以通过相关视频跟踪课程，由专业训练人员根据宝宝落后的情况，及时和家长互动，设计并教授一些适合家庭训练的技巧和方法，全面提升宝宝家庭干预效果。

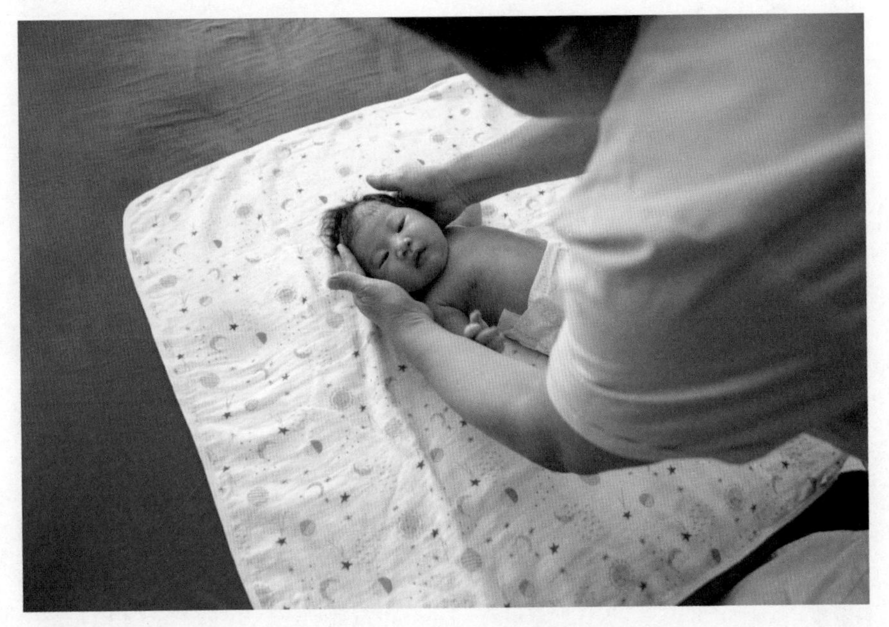

专业人员教授家庭训练技巧和方法

当宝宝出现任何发育异常，均可咨询宝秀兰儿童早期发展中心的婴幼儿行为神经发育专家，通过视频进一步评估，并给出专业、合理的建议。

附 录

0～2岁女孩身（长）高生长曲线图

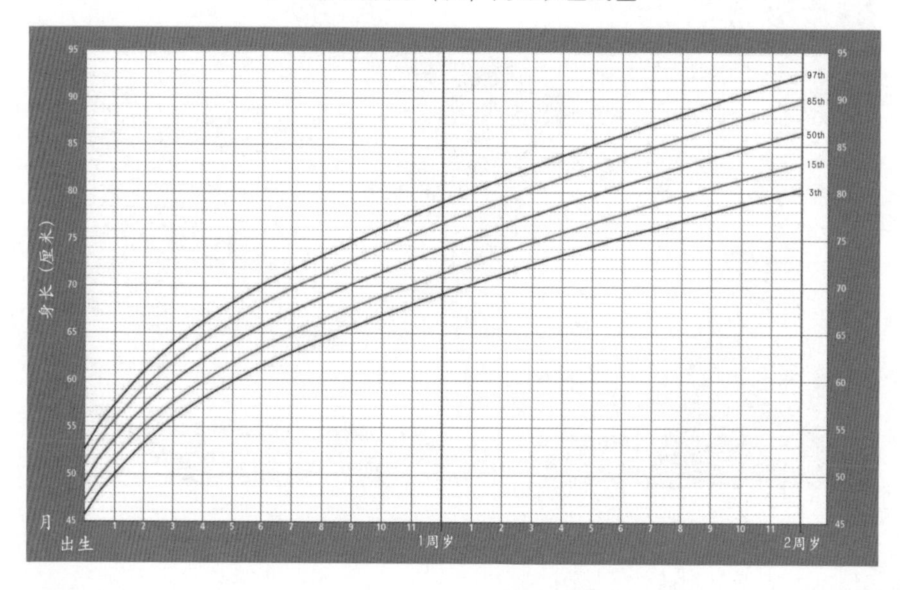

0～2岁男孩身（长）高生长曲线图

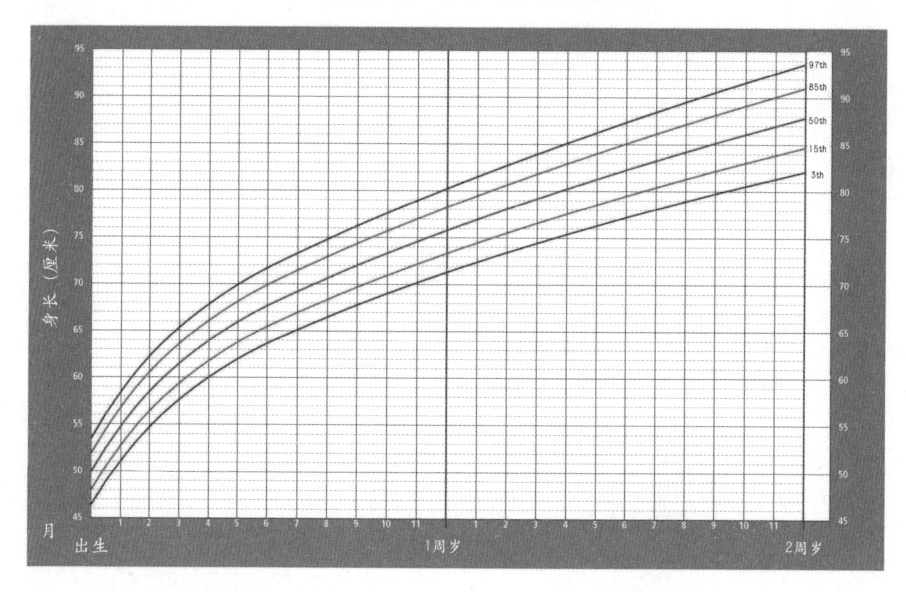

0～2岁女孩体重生长曲线图

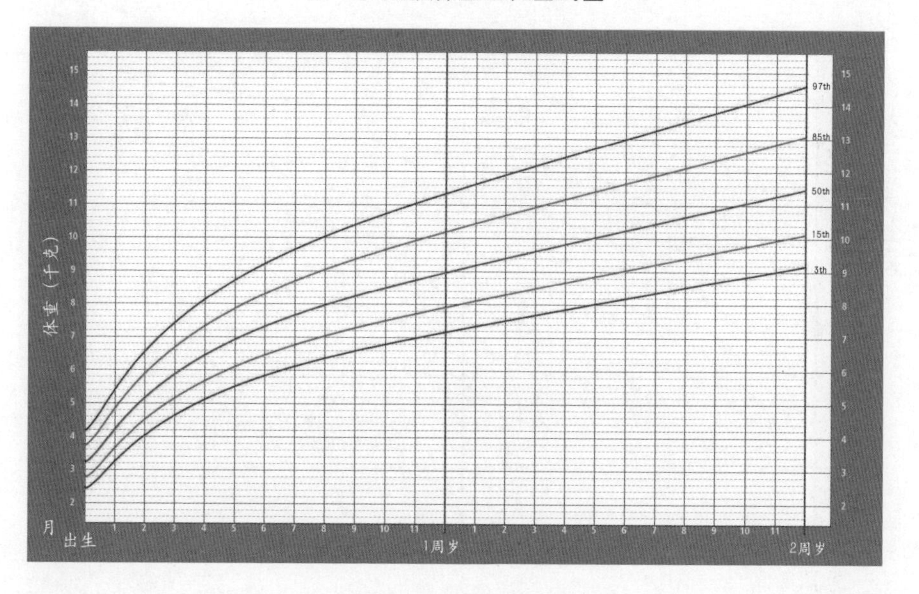

0～2岁男孩体重生长曲线图

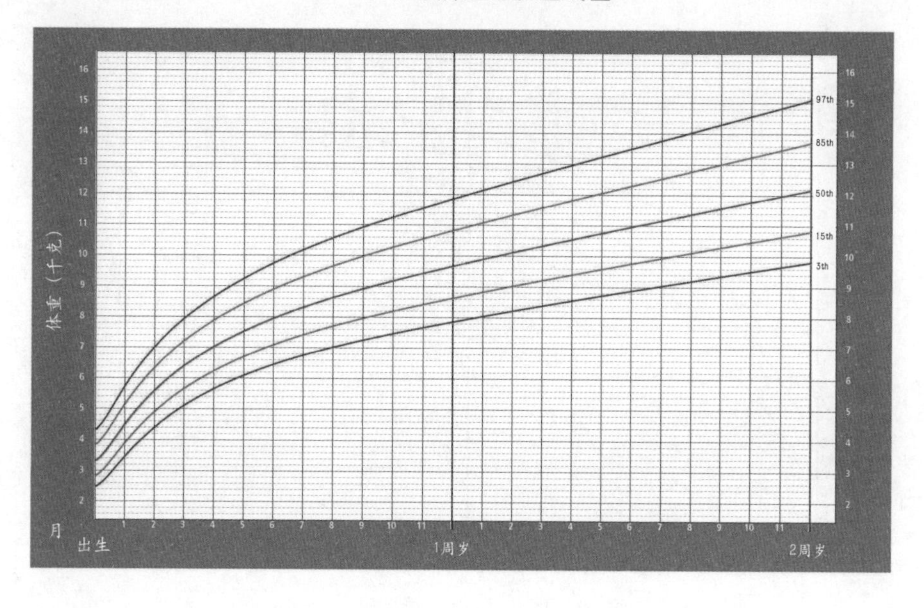

0～2岁女孩头围生长曲线图

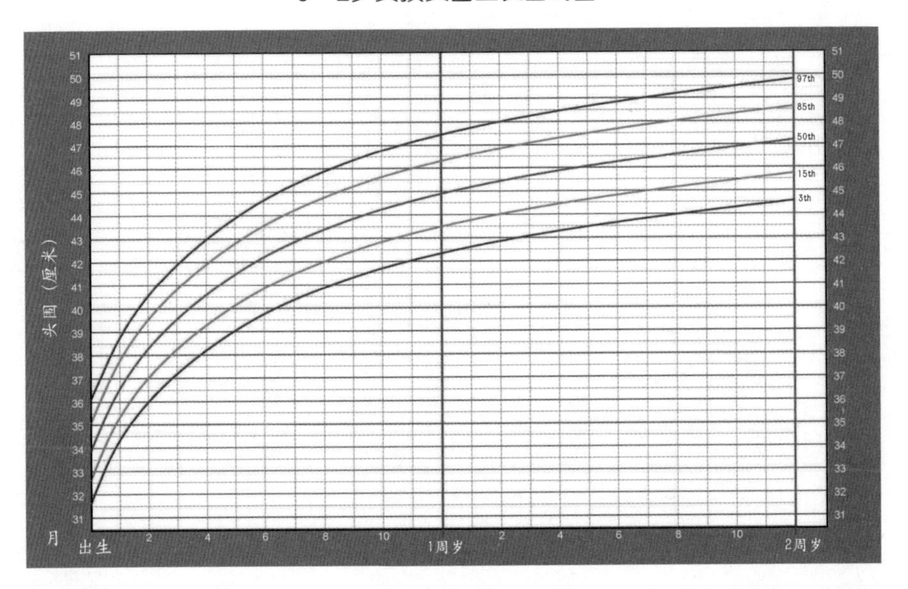

0～2岁男孩头围生长曲线图

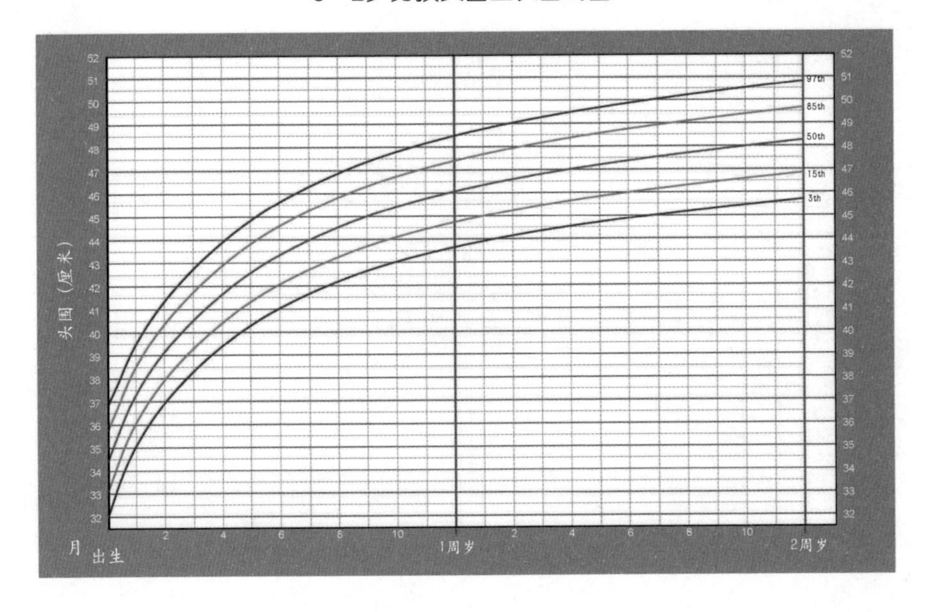

宝秀兰儿童早期发展优化中心专家团队

宝秀兰儿童早期发展优化中心是一家以儿童早期健康管理为基础，高危儿早期干预为特色，医教研为一体的专业儿童医疗及健康管理机构。中心有以著名儿科专家鲍秀兰教授领衔、并聘请不同专业的知名专家及具有多年丰富工作经验的医疗团队；有多年从事儿童早期发育促进和康复训练的专业训练师及特教老师队伍；有一整套经过实践检验的有效的早期训练课程。

中心提供的服务有：包括营养指导、喂养指导、生长发育监测、早期教育指导的儿童健康管理；早产儿、高危儿和在早期神经发育、行为心理发育和生长发育过程中出现发育障碍或迟缓风险的儿童的早期诊断治疗、评估指导、干预训练；小儿脑瘫、智力发育落后及孤独症谱系障碍等特殊儿童的早期康复和教育训练。

中心的服务热线：4000066650，服务模式为线上线下结合，机构训练和家庭康复指导共同进行。